FARMING

农业种植系列读物

车艳芳　曹花平　编著

葡萄高效栽培技术

河北科学技术出版社

图书在版编目(CIP)数据

葡萄高效栽培技术 / 车艳芳，曹花平编著. -- 石家庄：河北科学技术出版社，2013.12
ISBN 978-7-5375-6523-3

Ⅰ. ①葡… Ⅱ. ①车… ②曹… Ⅲ. ①葡萄栽培
Ⅳ. ①S663.1

中国版本图书馆 CIP 数据核字(2013)第 268935 号

葡萄高效栽培技术
车艳芳　曹花平　编著

出版发行　河北科学技术出版社
地　　址　石家庄市友谊北大街 330 号(邮编:050061)
印　　刷　北京楠萍印刷有限公司
开　　本　910×1280　1/32
印　　张　7
字　　数　140 千
版　　次　2014 年 2 月第 1 版
　　　　　2014 年 2 月第 1 次印刷
定　　价　25.80 元

Preface 序

推进社会主义新农村建设，是统筹城乡发展、构建和谐社会的重要部署，是加强农业生产、繁荣农村经济、富裕农民的重大举措。

那么，如何推进社会主义新农村建设？科技兴农是关键。现阶段，随着市场经济的发展和党的各项惠农政策的实施，广大农民的科技意识进一步增强，农民学科技、用科技的积极性空前高涨，科技致富已经成为我国农村发展的一种必然趋势。

当前科技发展日新月异，各项技术发展均取得了一定成绩，但因为技术复杂，又缺少管理人才和资金的投入等因素，致使许多农民朋友未能很好地掌握利用各种资源和技术，针对这种现状，多名专家精心编写了这套系列图书，为农民朋友们提供科学、先进、全面、实用、简易的致富新技术，让他们一看就懂，一学就会。

本系列图书内容丰富、技术先进，着重介绍了种植、养殖、职业技能中的主要管理环节、关键性技术和经验方法。本系列图书贴近农业生产、贴近农村生活、贴近农民需要，全面、系统、分类阐述农业先进实用技术，是广大农民朋友脱贫致富的好帮手！

中国农业大学教授、农业规划科学研究所所长
设施农业研究中心主任 张天柱

2013年11月

Foreword 前言

农业是国民经济的基础，是国家稳定的基石。党中央和国务院一贯重视农业的发展，把农业放在经济工作的首位。而发展农业生产，繁荣农村经济，必须依靠科技进步。为此，我们编写了这套系列图书，帮助农民发家致富，为科技兴农再做贡献。

本系列图书涵盖了种植业、养殖业、加工和服务业，门类齐全，技术方法先进，专业知识权威，既有种植、养殖新技术，又有致富新门路、职业技能训练等方方面面，科学性与实用性相结合，可操作性强，图文并茂，让农民朋友们轻轻松松地奔向致富路；同时培养造就有文化、懂技术、会经营的新型农民，增加农民收入，提升农民综合素质，推进社会主义新农村建设。

本系列图书的出版得到了中国农业产业经济发展协会高级顾问祁荣祥将军，中国农业大学教授、农业规划科学研究所所长、设施农业研究中心主任张天柱，中国农业大学动物科技学院教授、国家资深畜牧专家曹兵海，农业部课题专家组首席专家、内蒙古农业大学科技产业处处长张海明，山东农业大学林学院院长牟志美，中国农业大学副教授、团中央青农部农业专家张浩等有关领导、专家的热忱帮助，在此谨表谢意！

在本系列图书编写过程中，我们参考和引用了一些专家的文献资料，由于种种原因，未能与原作者取得联系，在此谨致深深的歉意。敬请原作者见到本书后及时与我们联系（联系邮箱：tengfeiwenhua@ sina. com），以便我们按国家有关规定支付稿酬并赠送样书。

由于我们水平所限，书中难免有不妥或错误之处，敬请读者朋友们指正！

编　者

CONTENTS
目 录

第一章 葡萄生产概述

第二章 优质的葡萄品种

第三章　现代化的苗木繁育

第四章 经济的葡萄园建设

第五章 多样化的葡萄栽培

第六章 葡萄的树体管理

第七章 葡萄的疾病防治

第一章
葡萄生产概述

第一节 我国葡萄生产现状与发展前景

一、现代葡萄业的生产现状

（一）生产进入稳定阶段

我国葡萄的栽培面积逐渐趋于稳定，从2003年到2007年间，每年增长率仅仅是4.04%，葡萄进入结构调整阶段，增长速度明显减慢。栽培面积大幅度减少的包括葡萄产区的非适宜品种、管理技术不先进以及经济效益不高地区的葡萄，在优势生态区以及我国南方有较高经济效益的地区，栽培面积依然稳定增加。由于市场需求的变化以及栽培技术的改进，总产量和单产均得到提高，果品质量也得到改善，葡萄生产开始从数量效益型过渡为质量效益型，栽培面积逐渐合理化，葡萄生产迈向产业化。

（二）区域优势逐步显现

最近10年以来，我国的葡萄生产业逐渐有了优良的资源、产业基础、出口潜力以及效益高的区域等特点，从而形成了葡萄优势产业带。目前初步形成的产业带或者产业群包括西北及黄土高原葡萄产业带、东北及西南特色葡萄产业带、环渤海湾葡萄产业带、黄河故道、长三角南方葡萄产业带等。其中光环渤海湾和西北及黄土高原产业带种植的葡萄就占全国总种植面积的66.23%，产量占全国总产量的69.2%。

（三）栽培形式多种多样

以前葡萄栽培基本是露地栽培模式，现今已发展成为露地和设施栽培共同发展的模式，其中设施栽培又包括避雨棚栽培、延后栽培以及促成栽培等多种形式。截至目前，我国葡萄设施栽培的面积已经超过了 4 万公顷。葡萄设施栽培扩大了栽培的区域，延长了葡萄上市的供应期，并且使葡萄产业的经济效益得到了显著提高。

（四）品种结构趋于优化

由于市场竞争越来越激烈，葡萄品种结构也日趋优化，更新换代的速度非常快。在鲜食葡萄的栽培中，一些优良新品种，如巨峰、红地球、玫瑰香等的种植已经超过葡萄栽培总面积的 70%，而且一些无核品种，如巨玫瑰、早黑宝、醉金香等也快速发展起来。在酿酒葡萄中，一些优良品种，如赤霞珠、梅露辄、霞多丽和希拉等已经成了我国酿酒葡萄的主体，栽培面积占全国酿酒葡萄总面积的 80%，并且刺葡萄以及山葡萄的酿酒作用也得到了进一步利用。

（五）葡萄酒行业饱和，出现低迷现象

葡萄酒属于葡萄的产业链，近几年，我国国产葡萄酒大量生产，进口酒井喷式涌入，原本发展大好的葡萄酒市场因为宏观经济的调控，瞬间冷却。根据最新统计数据显示，2013 年 1～6 月，我国葡萄酒行业产量累计为 55.43 万千升，同比增长 -7.15%。从累计产量增速的水平可以看出，2013 年比去年同期下滑 24.66 个百分点。

二、葡萄业生产的发展趋势

（一）市场需求

市场对有核品种的需求逐渐趋向于优质、粒大、色泽美，如红

地球等一些大粒优质的品种将会有较大的发展，相对应的，一些品质差、中小粒的品种也将逐渐被淘汰。

（二）优质无核品种

国际市场对葡萄无核品种的需求日益增多，同时价格也逐步提高，不过国内市场上优质的无核葡萄品种还是少数。随着人们生活水平的提高，人们的消费观念逐渐改善，优质的无核品种越来越受欢迎，为了适应世界潮流，无核葡萄品种将会在我国得到较大的发展。

（三）结构变化

以前，我国栽培的葡萄主要是中熟品种，基本占栽培总量的90%，上市时间较为集中，价格低，一些地区或者有些年份容易出现产品过剩现象。少部分的早熟以及晚熟葡萄，由于主要栽植巨峰、龙眼等品种，品质较差，不受欢迎。随着新品种的不断引入以及我国有关科研单位的培育，成功地调整了葡萄品种结构，加快了品种的更新换代。

（四）酿造加工品种

世界上约有85%的葡萄被用来加工，5%被用来制干，只有10%作为鲜食。但是在我国的葡萄生产中，超过85%被用于鲜食，和国际市场差距巨大。随着人民生活水平的逐步提高，科学技术的发展以及人们保健意识的改变，我国酿造加工业登上舞台，人们将会逐渐喜欢酒精度低、营养价值高的葡萄酒，因此，酿造加工品种将得到大力发展。

（五）栽培新技术

随着市场经济稳步发展，人们逐渐提高了对葡萄的质量要求，栽培新技术如密植丰产新技术、有核品种无核化技术、提早着色和提高品质技术以及果穗整形技术等才能满足高质量的葡萄栽培，因此葡萄新栽培技术将得到生产上的普遍应用，并提升经济效益。

第二节 我国葡萄生产特点与存在问题

一、葡萄的生产特点

（一）生理特点

在果树生产中，葡萄是最早结果的树种之一，一般栽种后第二年，葡萄就会开花结果，第三年每公顷产量可达15000千克，第四年以后就可进入盛果期，每公顷产量可稳定在30000千克左右。葡萄树寿命较长，一般可正常结果20～30年。

（二）适应性广

不管从南到北还是从东到西，只要选择品种适当，管理措施合适，在国内葡萄都能生长结果。葡萄对土壤的适应性很强，既可栽在肥沃的平地，又可在沙地、河滩地、缓坡地、微酸性土壤、微碱性土壤上栽植。条件差的土壤如盐碱土、黏土经过改良后，葡萄也能正常生长结果。因此，葡萄称得上是适应能力比较强的一种树种。

（三）易繁殖苗木

葡萄与其他果树相比，既可扦插繁殖、压条繁殖，又可嫁接繁殖和播种繁殖，并且繁殖材料丰富，方法简单，成活率高，便于大量育苗。

（四）投资较高

葡萄生长依靠立架，如果葡萄园建成后没有及时搭架，就不能提前结果和丰产，获得良好的经济效益。一般每公顷葡萄需要架材投资3万元左右。

（五）经济效益高

葡萄结果早，产量高，同时还有较高的经济效益。露地栽培时每公顷获得3万～7.5万元的经济收入，保护地栽培每公顷效益在30万元左右。因此栽培葡萄成了贫困地区农民脱贫致富、增加收入的好途径。近年来，很多地区农民都靠栽培葡萄走上了致富的道路。

二、葡萄生产存在的问题

（一）品种结构单一

在我国葡萄品种结构中，主要是红地球和巨峰的栽培，比较单一；成熟期搭配不合理，中晚熟品种占有过高的比例；鲜食品种和酿酒品种的比例不协调。

目前生产上的主栽品种基本都是从国外引进品种，葡萄品种商业化，使我国品种的更新面临越来越多的知识产权障碍，迫切需要培育具有国际市场竞争力的优新品种来促进我国葡萄产业的发展，提升国内葡萄产业的国际竞争力。

（二）葡萄产业化体系不健全

我国葡萄产业的组织化程度低，基本上是以家庭为单位，规模小，投入不足，缺乏组织性，品牌意识小。从生产到销往市场中间的各个环节都没有很强的关联性，“小生产和大市场”的矛盾突出，很难实现产、运、贮、销一体化，削弱了终端产品的竞争力。龙头企业或专业合作社的规模比较小、数量比较少，市场竞争力不够，无法带动产业发展。

（三）葡萄产业信息化落后

我国的果农一家一户独立经营居多，营销企业规模小，大多经济实力不足，缺乏人才，缺乏正规的管理，无序竞争，缺少信息化的服务，对产品的销路、国际市场的变化趋势以及消费者的习惯口味等相关信息掌握较少。

国外由专门的营销公司负责或果农联合起来的果品协会负责统一销售。它们有科学的销售策略和方法，能够及时准确地了解国内外市场信息变化和主要贸易伙伴国相关政策法规的出台，进行相应的调整，实现市场的导向作用。

第三节 葡萄与葡萄酒的营养与保健

一、葡萄的营养

葡萄是含有丰富的营养物质的一种水果。根据相关报道，新鲜的葡萄中含有葡萄糖以及果糖为 10% ~30%，每克新鲜葡萄食用后可以产生 2928.8 ~4184 焦耳的热量。同时葡萄还含有 0.5% ~1.5% 的有机酸，0.15% ~0.9% 的蛋白质，0.3% ~0.5% 的矿物质以及多种维生素，对人体的保健十分重要。

二、葡萄酒的保健

葡萄除了可以生吃以外，还可以用来酿酒，制造葡萄汁、葡萄干等，经济价值很高。全世界每年生产的葡萄，其中有2/3被用于酿酒，通过复杂的发酵酿造等工艺，葡萄可以变成美味的葡萄酒，这是一种天然的营养保健饮料，含有多种营养物质，可帮助人体祛病健身。李时珍的《本草纲目》记载葡萄酒："暖腰肾、耐寒、驻颜色。"现代生理学中表述：葡萄酒含有的糖类、酸类、蛋白质、矿物质以及多种维生素都可以被人体吸收，有养血祛病、健胃补脾的作用。根据相关报道，葡萄还含有抗癌物质白藜芦醇，同时葡萄酒可以减少脂肪在血管中的沉淀，减少心血管疾病。

从葡萄酿酒后剩下的皮渣中，每千克还可以提取出7～10克的酒石酸钾，同时皮渣和内梢、葡萄叶中含有的粗蛋白、脂肪可用来作为家畜的饲料。葡萄种子中含有的植物油，芳香清亮，是高级食用油以及化工用油。

第二章

优质的葡萄品种

第一节 优良的鲜食品种

葡萄的分类有很多种，根据葡萄的生长期的长短和浆果成熟期的早晚，可以将葡萄分为早熟品种、中熟品种和晚熟品种。

一、早熟品种

早熟品种是指葡萄从萌芽生长到浆果成熟的时间为110～130天的品种。

（一）欧亚种有核品种

1. 矢富罗莎　又名粉红亚都蜜、亚都蜜、兴华1号，它是从日本引进来的，果穗大，圆锥形，平均穗重600克，最大穗重1500克；果粒大，椭圆至圆柱形，平均粒重8克，最大粒重15克；果皮较厚，极耐贮运；紫红至深紫红色。果肉脆甜，含糖量16.5%，含酸量0.5%，品质上等。该品种树势旺，结果枝率高，较丰产，抗病性强（是目前欧亚种葡萄中抗病性最强的品种之一）。生长中后期基部老叶易黄化、早衰。栽培前期应控制树势，盛果期应控制产量。

2. 奥古斯特　罗马尼亚加勒斯特农业大学育成，亲本为意大利×葡萄园皇后。果穗大，圆锥形，平均穗重580克，最大重1500克；果粒大且着生紧密，平均粒重8.3克，最大粒重12.5克；果皮中厚，金黄色，果肉软硬适度，耐拉力强，耐贮运。味甜，稍有玫瑰香味，含糖量18%，含酸量0.43%，品质上等。该品种树势旺，枝条成熟度好，应加强夏季管理；较抗病，丰产，是优良的大粒早熟品种之一，以中短梢修剪为主，适宜篱架、小棚架和保护地栽培。

3. 维多利亚　罗马尼亚德哥沙尼葡萄试验站育成，亲本为绯红×保尔加尔。果穗大，圆锥或圆柱形，平均穗重630克，最大重2000克；果粒大，圆柱形，平均重10克，最大重18克；黄绿色，果皮厚。果肉脆硬，味甜，含糖量16.2%，含酸量0.37%，品质上等。该品种树势中等，从萌芽到成熟110天，适于篱架和小棚架栽培，丰产，中短梢修剪，生产中应控制产量。

4. 香妃　由北京林果所育成，亲本为73-7-6（玫瑰香×莎巴珍珠）×绯红。果穗较大，圆锥形，平均穗重400克，最大穗重1000克；果粒大，近圆形，着生紧密，平均粒重7.5克，最大重10克以上；金黄色，果皮薄。果肉脆硬，能切成片。味甜，含糖量18%，含酸量0.45%，具浓郁玫瑰香味，品质极佳。该品种树势中等，结实力强，丰产，抗霜霉病，有轻微裂果。从萌芽到完熟110天左右，是优良的早熟黄绿色品种之一，适合保护地栽培。

5. 京秀　又名中国早红提、棚栽1号。北京植物园育成种，亲本为潘诺尼亚×60-33。果穗大，圆锥形，平均穗重400克，最大穗重1000克以上；果粒大且着生紧密，椭圆形，平均粒重6克，最大重9克；果皮薄，玫瑰红至紫红色。果肉脆硬，极耐贮运；味甜爽口，含糖量17.5%，含酸量0.46%，品质上等。

该品种生长势强，结实力中等，坐果率高，丰产。应及时疏花疏果，晚摘心，中短梢修剪，适于篱架和小棚架栽培。保护地栽培效益更高。

6. 早黑宝　由山西果树研究所杂交育成，四倍体，亲本为瑰宝×早玫瑰。味甜，可溶性固形物含量15.8%，完熟时玫瑰香味浓郁，品质上等。果穗大，圆锥形，平均穗重426克，最大穗重930克；果粒大，平均粒重7.5克，最大重10克；紫黑色，皮厚柔软。该品种从萌芽到完熟110天左右，坐果率高，不裂果，丰产性强，树势中庸，应加强肥水管理并控制产量。

7. 90-1　又名早乍那，由河南科技大学园艺研究所选育。果皮淡紫红色，较硬脆，汁中多；味稍淡，可溶性固形物含量14%，可滴定酸0.5%；成熟期遇雨裂果。果穗较大，圆锥形，有副穗，平均穗重500克，最大穗重1100克；果粒较大，近圆形，平均单果重8克。该品种特早熟，生长势较强，花芽分化好，丰产稳产，适合保护地促成栽培。

（二）欧美杂种有核品种

醉金香，又名茉莉香，由辽宁省农业科学院园艺研究所杂交选育，亲本为沈阳玫瑰×巨峰，育种代号81-6-6-7，有浓郁的茉莉香味，风味独特；可溶性固形物含量19%，可滴定酸0.6%，果实偏软，汁多，口感好；不易裂果，果皮黄色，果穗大，圆锥形，平均穗重801克；果粒大且着生紧密，卵圆形，平均单果重10克。该品种萌芽至成熟110天左右，生长势中等偏强，抗病性较强，丰产稳产；有果粒大小不均现象，落果严重；适宜无核化栽培，全国各葡萄产区均能种植。

（三）欧亚种无核品种

种奥迪亚无核，罗马尼亚1987年育成，亲本为利比亚×波尔莱特。果穗大，圆锥形，平均穗重500克，最大穗重850克；果粒稍小且着生极紧密，卵圆形或短椭圆形，自然粒重4～5克（赤霉素处理后可达6～8克），黑色；肉质较硬，味酸甜，可溶性固形物含量18%，可滴定酸0.5%。自然无籽，品质上等。该品种极早熟，生长势强，极丰产，果皮稍厚，抗旱、抗寒性强，抗病性中等，较耐贮运。生产中应注意疏花疏果、控制产量。是目前含糖量最高的早熟无核品种，适宜保护地栽培。

（四）欧美杂种无核品种

1. 金星无核　美国品种，亲本为Alden×N. Y4000。1983年由沈阳农业大学引入我国。果穗圆柱形，平均自然穗重350克；果粒近圆形，着生紧密，平均单粒重4.1克，经赤霉素处理后可达8克；果皮蓝黑色，果粉厚，极为美观。果肉较软，多汁，味甜且有浓香味，可溶性固形物含量16%，含酸量0.57%。品质优良，个别年份有少量败育的种子。该品种生长势强，副梢结实率强，丰产性好，抗病性和抗寒性均较强，不脱粒，不落果，耐贮运，既可鲜食又可加工，是目前早熟无核品种中抗病性最强的品种之一。

2. 无核8612　又名红标无核、紫水晶。河北昌黎果树研究所与昌黎县合作杂交选育，亲本为郑州早红×巨峰。果穗大且整齐，圆锥形，单穗平均重450克以上，果粒紫黑或蓝黑色，着生紧凑，单粒平均重5克，经膨大处理后可达8克以上。果皮厚，皮韧易剥离，果粉中等，果肉硬度大，味甜多汁，含糖16.5%，稍有玫瑰香味，品质极佳。该品种树势强，抗寒性强，抗病性特强，极丰产。

3. 夏黑无核　由日本引进，亲本为巨峰（四倍体）×无核白（二倍体）。果穗圆锥形，自然平均穗重415克，经膨大剂处理后平均穗重608克，最大穗重940克；果粒着生紧密，椭圆形，紫黑色，果粉厚，自然粒重3～3.5克，经赤霉素处理后可增大1倍（7～8克）。肉质脆硬，可溶性固形物含量20%～21%，有草莓香味，品质上等。是目前优良的早熟、优质、丰产、抗病品种，适合大面积发展。该品种树势强健，抗病性强，丰产，耐贮运。适合保护地栽培。

二、中熟品种

1. 里扎马特　欧亚种，它是由可口甘为母本、巴尔肯特为父本杂交育成。1961年从前苏联引进我国，目前在我国的北部一些地区栽培。果穗大，平均重672.5克，最大穗重1500克以上，宽圆锥形，无副穗。果粒着生中等紧密或较疏松。平均粒重10～11克，最大粒重达19克，长椭圆形或长圆柱形，鲜紫红色。果皮薄，肉质脆，汁多，味酸甜，风味极佳。可溶性固形物含量13%～16.2%，含酸量0.6%左右，品质上等。此品种为中熟品种。从萌芽到果实充分成熟的生长天数为128～135天，活动积温为3100～3200℃。山东8月中旬成熟。植株生长势较强。结果枝占芽眼总数的30%，每结果枝平均果穗数为1.2个。副梢结实力弱，产量中等。可在华北、东北、西北等干旱地区栽培。抗病力中等，易感染黑痘病、白腐病和霜霉病，多雨年份有裂果。耐运输，宜棚架栽培，中、长梢修剪。栽培时应选向阳、排水良好的沙地，施足肥料，使枝蔓通风透光，并注意整穗疏粒，以生产色美、粒大、质优的商品。

2. 京优　欧美杂种，由中国科学院植物研究所北京植物园培育。果穗圆锥形，有副穗，穗大，平均穗重543.7克，最大穗重850克。果穗大小整齐，果粒着生紧密或中等紧密。果粒椭圆形或近圆形，红紫色或紫黑色，粒大，平均粒重11克，最大粒重16克。果粉中等厚，果皮厚，与果肉易分离。果肉厚而脆，味甜，酸低，微有草莓香味。每果粒含种子1～4粒，种子与果肉易分离。可溶性固形物含量为14%～19%，可滴定酸含量为0.55%～0.73%，鲜食品质上等。在北京地区，4月中旬萌芽，5月下旬开花，8月上、中旬浆果成熟。从萌芽至浆果成熟需113～125天，此期间活动积温为2591.6℃。浆果比巨峰早熟10～15天。植株生长势较强，隐芽萌芽力中等，副芽萌芽力强。每果枝平均着生果穗数为1.43个。早果性好。北京、河北、河南、辽宁、内蒙古等地均有栽培。抗寒、抗旱力较强。有的年份有裂果现象。此品种为中熟鲜食品种。肉厚而脆，种子少，味甜，酸低，刚着色便可食用。结实力特强，必须疏花疏果，严格控制产量。全国各地均可栽植。篱架、棚架栽培均可，宜中梢为主的长、中、短梢混合修剪。

3. 巨峰　欧美杂种（原产地日本），亲本为石原早生×森田尼。1937年杂交成功，1945年正式命名发表。果穗圆锥形，带副穗，中等大或大，平均穗重400克，最大穗重1500克。果穗大小整齐，果粒着生中等紧密。果粒椭圆形，紫黑色，粒大，平均粒重8.3克，最大粒重20克。果粉厚，果皮较厚而韧，有涩味。果肉软，有肉囊，汁多，绿黄色，味酸甜，有草莓香味。每果粒含种子1~3粒，种子与果肉易分离。可溶性固形物含量为16%以上，可滴定酸含量为0.66%~0.71%。鲜食品质中上等。在郑州地区，4月下旬萌芽，5月中、下旬开花，8月中、下旬浆果成熟。从萌芽至浆果成熟需137天，此期间活动积温为3289℃，浆果中熟。

4. 藤稔　此品种为中熟鲜食品种，果粒特大，形美色艳，品质优良，商品性高，深受市场和消费者欢迎。花期耐低温，闭花受精能力强，结果早，连续结果能力强，丰产稳产。树势较巨峰弱，自根根系不如巨峰，宜用嫁接苗定植，砧木可用华佳8号、5BB、S04等。需严格疏穗、疏粒，以提高商品性。在我国南北各地均可种植。棚架、篱架栽培均可，以中、短梢修剪为主。

5. 伊豆锦　欧美杂种（原产地日本），亲本为先锋×康能玫瑰。1980年注册。1981年中国科学院植物研究所北京植物园自日本引入我国。

果穗圆锥形，带副穗，中等大或大，平均穗重300~650克，最大穗重800克以上。果粒着生中等紧密。果粒短椭圆形，紫黑色，粒大，平均粒重10~15克，最大粒重20克。果粉中等厚，果皮厚而韧，有涩味。果肉较紧密，有肉囊，汁多，黄绿色，味酸甜，有草莓香味。每果粒含种子多为3粒。可溶性固形物含量为15%~17%。鲜食品质上等。在上海地区，3月下旬萌芽，5月中旬开花，8月中、下旬浆果成熟。浆果中熟。植株生长势强。芽眼萌发率为70%~80%，结果枝占芽眼总数的40%~60%。每果枝平均着生果穗数为1.1~1.3个。正常结果树亩产量为1330千克（篱架栽培）。

较耐湿，抗病力强。此品种为中熟鲜食品种。具有果粒大、品质较优、抗性强、产量中等特点。可在巨峰栽培区适当种植，为无核化栽培的优良品种。

6. 瑰香怡　此品种为中熟鲜食品种。穗大，粒大，含糖量高，有浓郁玫瑰香味，品质极上，丰产。抗病能力较强，对霜霉病较敏感。肥水供应要充足，幼龄树应保持中庸偏强树势。适宜辽宁、华北、山西、陕西等地栽植。棚架、篱架栽植均可，双蔓或多蔓整形，单蔓整形应注意控制徒长，以中、短梢修剪为主，结合超短梢修剪。

三、晚熟品种

从萌芽生长到浆果成熟的时间为150天以上。

（一）欧亚种有核品种

1. 红地球　又名晚红、红提、大红球、金藤4号，美国品种。亲本为C12-80×S45-48。是世界著名优良鲜食葡萄品种。果穗特大，分枝形，果粒着生中等紧密，平均穗重800克以上；果粒近圆形，平均单粒重10～12克；果皮鲜红色，较薄，不能剥离。果肉硬脆，切片不淌水，汁少，可溶性固形物含量14%左右，可滴定酸0.5%，口味偏淡、爽口。该品种生长势中等偏强，花芽分化中等，极耐贮运，果实易日灼、抗病性较弱。现已成为全国鲜食葡萄第二主栽品种，欧亚种第一主栽品种，应根据当地情况谨慎发展。

2. 黑玫瑰　美国品种，亲本为（Damas rose×无核紫）×瑞必尔。果穗大，平均穗重750克，最大达1250克，圆柱形带小歧肩，穗形紧凑；果粒大，黑紫色。长椭圆形，平均粒重8.0克，果皮薄，果粉较厚，灰白色。果肉肥而厚较脆，可溶性固形物含量17.0%，含酸量0.6%左右。果味浓，酸甜适口，果粒着色稍不整齐。该品种树势强，生长旺盛，适应性强，抗逆性较强，对土壤、水肥要求不严。丰产稳产，但果实易患日灼病，成熟前水分不均匀时易发生裂果。适于棚架或“T”形篱架整形、中短梢混合修剪。适宜在西北、华北干旱、半干旱地区栽培。

3. 黑大粒　美国加利福尼亚州农业部园艺试验站杂交育成品种，亲本为粉红葡萄×瑞必尔。果穗长圆锥形，平均穗重750克，最大2200克，果粒着生中等紧密，近圆形或短椭圆形，平均粒重8.9克，花穗整形后可达16克，果皮黑色，果粒着生极牢固，不脱粒，耐拉、耐压、耐贮。果肉脆硬，浓甜爽口，可溶性固形物16%～17%。该品种生长势旺，芽眼萌发率高，结果枝率70%；耐贮运，丰产稳产，抗病性较差，感炭疽病。特别不抗黑痘病，须提早预防。适于篱架或棚架栽培，长、中、短梢混合修剪。可在我国华北、西北干旱、半干旱地区发展种植。

4. 瑞必尔　美国品种。果穗圆锥形，带副穗，果粒着生中等紧密，平均穗重450克；果粒椭圆形，平均单粒重6克；果皮蓝黑色。果肉肥厚，硬脆，汁中多，可溶性固形物含量15.5%，可滴定酸0.55%，风味浓，品质好。该品种生长势强，极丰产，稳产性好，果实极耐贮运，抗病性中等；作为晚熟品种，果穗、果粒均偏小，有裂果现象，生产中控制产量、增大果粒。

5. 美人指　日本品种，亲本为尤尼坤×巴拉蒂。果穗圆锥形，田间差异大，花芽分化好的果园平均穗重1000克，花芽分化差的果园平均穗重300克；果粒长椭圆形，形状奇特，似涂了指甲油的小手指，有的果粒呈弯钩状；果粒大小差异大，一般9～11克，最大可达20克，小的只有6～7克；果皮较薄有韧性，顶部鲜红，其他地方青色至玉黄色。果肉脆甜爽口，可切片而不淌水；可溶性固形物含量15%～18%，可滴定酸0.5%，口感好。该品种生长势极强，枝条贪青，枝蔓成熟晚，产量不稳定，坐果较好，有裂果现象，果实易日灼，不耐贮运，抗病性较弱。因其果形奇特，可在旅游观光园或近郊直销园种植；注意培养健壮树势，促进花芽分化，实现丰产稳产。

6. 圣诞玫瑰　美国品种，亲本为S44-3SC×9-1170。果穗特大，长圆锥形，果粒着生紧密，平均穗重880克，最大穗重3000克以上；果粒椭圆形，平均单粒重7.5克；果皮深红色，果肉硬脆，可切片，汁中多。可溶性固形物含量20%以上，可滴定酸0.5%，具有淡玫瑰香味，口感好，品质上等。该品种生长势强，花芽分化好，丰产性极强，耐贮运，抗病性中等；果粒偏小，有轻微裂果现象。为综合性状较好的极晚熟品种，可作为极晚熟主栽品种发展，但生产中应注意控制产量。

7. 秋黑　美国品种，亲本为Caimeria×黑玫瑰。果穗长圆锥形，果粒着生中等紧密，平均穗重550克，最大穗重1500克以上；果粒润卵圆形，平均单粒重8克以上，果皮蓝黑色，外观美丽。果肉硬脆，可切片，汁少；可溶性固形物含量15.6%，可滴定酸0.5%，具有淡玫瑰香味，口感好，品质优良。该品种生长势强，丰产性中等，不裂果，极耐贮运，抗病性较弱。可作为极晚熟搭配品种。

（二）欧亚种无核品种

1. 红宝石无核　又名无核红宝石、鲁贝无核。美国品种，亲本为皇帝×Pirovano。果穗圆锥形，果粒着生紧密，自然状态下平均穗重600克，最大穗重可达1200克以上；果粒卵圆形，自然粒重4克，对激素不敏感，处理后可达到5克；果皮紫红色。果肉硬脆，汁中多，果实硬、脆、甜，可溶性固形物含量18%，可滴定酸0.5%，具有玫瑰香味，口感好，天然无核。该品种生长势强，丰产，稳产性较好，较耐贮运；果粒偏小，抗病力弱，成熟期遇雨易裂果，大果穗中部易烂果。可作为晚熟无核品种搭配，因其果穗大、果肉硬脆、口感香甜，可在旅游观光园种植。

2. 克瑞森无核　又名绯红无核、克里森无核、克伦生无核。美国品种，亲本为皇帝×C33-199。果穗圆锥形，有歧肩，果粒着生中等紧密，平均穗重500克左右，最大穗重1000克；果粒椭圆形，自然粒重4克左右，对激素不敏感，处理后可达到5克；果皮紫红色，果肉较硬脆，可溶性固形物含量17%，可滴定酸0.5%，口感中等偏上。该品种是目前最晚熟的无核品种，生长势强，丰产、稳产性稍差，产量不稳定，抗病性弱，可作为晚熟无核搭配品种。

第二节 优良的无核品种

1. 布朗无核　又名无核红，欧美杂交种，原产美国，1973年引入我国。嫩梢绿色，略带暗红色条纹，有稀疏茸毛。幼叶黄绿色，有光泽，叶背密生茸毛。成叶近圆形，浅3裂。叶背有稀疏刺毛，叶缘向下卷，锯齿大而钝，叶柄洼全闭合或有小缝，两性花。果穗圆锥形，果粒着生紧密，平均穗重450克，最大达1200克。果粒椭圆形，平均粒重3.5克，最大4.0克左右。果皮玫瑰红色或粉红色，较薄而韧。肉软多汁，含可溶性固形物16%，含酸0.45%，酸甜爽口，有草莓香味，品质上等。树势较强，结果枝占总芽数的40%～55%，每个果枝有果穗1.0～1.5个，副梢结果能力弱。辽宁省兴城和沈阳地区分别在8月上旬和8月中旬成熟。生长天数110天左右。可在辽宁省兴城和沈阳地区种植。抗寒、抗黑痘病和炭疽病强，丰产，是无核鲜食、制汁兼用品种之一。

2. 无核白　又名无籽露，欧亚种，原产中亚细亚。果穗圆锥形，果粒着生紧密或中等紧密，平均穗重380克，最大穗重1000克。果粒椭圆形，平均粒重1.95克。果皮薄，绿黄色。肉脆，汁少无核，酸甜。含糖22.4%，含酸0.4%。成干率达20%～30%，结实率高，每个果枝着生两穗果，副梢结实力强。果实成熟一致，不脱粒。主要分布于伊朗、土耳其、阿富汗和叙利亚等国家。为我国新疆地区的主要品种。东北、华北、西北地区有少量栽培。是我国制干主要品种，也适于制罐和鲜食。树势强。

3. *金星无核* 欧美杂交种，美国杂交育成，我国1988年引入。嫩梢绿色，茸毛较多，有珠状腺体。幼叶绿色，边缘浅红色，密布茸毛。成叶较大，浓绿色，心脏形，中等厚，3～5裂，裂刻极浅，叶面粗糙，叶背密生茸毛，叶缘锯齿较钝，叶柄长，叶柄洼闭合或为窄拱形。两性花。果穗圆锥形，平均穗重260克，最重达500克。果粒着生较紧，大小均匀。果粒近圆形，平均粒重4.0克，最大4.5克。果皮蓝黑色，较厚。肉软多汁，有浓郁的欧亚种和美洲种混合的香味，含可溶性固形物15.2%～17%，含酸0.97%。树势强，结果枝率为90%，双穗率达74.7%，副梢结实能力强，三年生株产15.1千克。在东北、华北及华南等地均有少量栽培。在沈阳地区，5月上旬萌芽，6月中旬开花，8月中旬成熟。从萌芽到果实成熟为110天左右。在辽宁省朝阳地区5月初萌芽，6月上旬开花，8月初果实成熟。在南京地区7月中旬成熟。果实较耐贮运。适于短梢修剪和小棚架栽培。植株抗寒、抗病性均强，丰产，是南北方早熟优良无核品种，很有发展前途。

4. *无核红宝石* 欧亚种，美国加利福尼亚州大学育成，1983年引入我国。嫩梢绿色，有稀疏茸毛。幼叶黄绿色，边缘橙色，密被白色茸毛。成叶大，心脏形，5裂，裂刻深，叶面光滑，锯齿深，叶柄长，深红色，叶柄洼闭合。一年生成熟枝条深褐色。在辽宁、山东省栽培生长结果较好。

5. 红脸无核　果穗圆锥形，平均穗重 650 克，最大重为 1500 克，果粒着生紧密适度。果粒椭圆形，平均粒重 3. 9 克。果皮鲜红色，皮薄肉脆。含可溶性固形物 15. 3%，味甜爽口，品质上等。三年生平均株产 15. 4 千克，四年生平均株产 22. 2 千克。在辽宁省朝阳地区 5 月上旬萌芽，6 月中旬开花，9 月上中旬果实成熟。在沈阳地区 9 月中下旬成熟。果肉硬，果刷长，较耐贮运。果实成熟一致，枝蔓成熟良好。抗寒、抗病力中等。丰产性能好，适宜中短梢混合修剪。适当控制负载量，并要加强肥水管理和病虫害防治，以达到连年丰产的目的。

6. 火星无核　欧美杂交种，美国杂交育成，1988 年引入我国。嫩梢绿色，密生白色茸毛并有球状腺体。幼叶边缘和叶背面均呈粉红色，密生白色茸毛。一年生成熟枝条深褐色，有刺毛，节间中等长。成叶大，近圆形，浅 3 裂，叶面粗糙，叶背密生茸毛。叶缘锯齿钝。叶柄较长，浅红色，叶柄洼窄拱形。果穗长圆锥形，平均穗重 266 克，最重达 502 克。果粒着生紧密，近圆形，平均粒重 4. 3 克。果皮紫黑色，较厚，着色快，果粉中厚。果肉软而多汁，含可溶性固形物 16. 2%，含酸量 0. 62%。味甜酸，有浓厚的美洲品种香味，品质中上。在辽宁省朝阳地区 5 月初萌芽，6 月初开花，8 月初果实成熟。在沈阳地区 8 月下旬成熟。树势强，结果枝率为 89. 2%，双穗率达 91. 2%，基芽结实力强，适于中短梢修剪。五年生株产 24. 6 千克，果实成熟一致，不脱粒。该品种适于较寒冷地区及多雨地区栽培，为无核早熟品种之一。植株抗寒、抗病力均强，丰产。

7. 无核白鸡心　欧亚种，1983 年我国从美国加利福尼亚州引入。嫩梢绿色，有稀疏茸毛。幼叶微红，有稀疏茸毛。一年生枝条为黄褐色，粗壮，节间较长。成叶大，心脏形，5 裂，裂刻极深，上裂刻呈封闭状，叶片正反面均无茸毛，叶缘锯齿大而锐。叶柄洼开张呈拱状。果穗圆锥形，平均穗重 829 克，最重 1361 克，果粒着生紧密。果粒长卵圆形，平均粒重5.2克，最大达9克，用赤霉素处理可达10克。果皮黄绿色。皮薄肉脆，浓甜，含可溶性固形物16.0%，含酸0.83%。微有玫瑰香味，品质极佳。在辽宁省朝阳地区5月上旬萌芽，6月上旬开花，8月中旬成熟。在沈阳地区9月上旬成熟。结果枝率74.4%，每个结果枝着生1~2个果穗，双穗率达30%以上。三年生株产12.8千克，丰产。在我国东北、华北、西北等地均有栽培，表现较好，很有发展前途。树势强，枝条粗壮。果实成熟一致，抗霜霉病强，易染黑痘病。该品种果粒着生牢固，不落粒、不裂果，是适合华北、西北和东北地区发展的大粒无核、鲜食和制罐的优良品种。

8. 京早晶　欧亚种，中国科学院植物研究所北京植物园杂交育成。北京地区7月下旬成熟，为早熟无核品种。甜酸适口，略有玫瑰香味，可溶性固形物含量17%~20%，含酸量0.47%~0.62%，品质优。

果穗平均重427克，平均粒重2.5~3克，成熟时呈琥珀色，晶莹似玉，皮薄，肉脆，无核。抗病力中等，不裂果，经赤霉素处理后果粒显著增大。该品种既是美味鲜食品种，又是制罐、制干的优良加工原料，适宜在我国北部地区发展。缺点是易落粒，应及时采收。

第三节 优良的酿酒品种

一、红葡萄酒品种

适合酿造红葡萄酒的品种很多，包括梅郁、赤霞珠、品丽珠、梅露辄、法国兰等，现在主要介绍的是赤霞珠与梅郁。

1. 赤霞珠　别名解百纳。原产地是法国，是世界上著名的酿造红葡萄酒的品种。在我国的华北、西北地区有大范围地栽培。

赤霞珠的典型标志是它的叶柄洼在闭合时可以形成五点梅花状的圆孔。它的果穗比较大，平均重量在 150 ~ 170 克。它的果粒是紫色圆形，有 1.4 ~2.1 克，果皮中等厚度。它的出汁率为 70%，酸度适中，并且有淡淡的青草的味道。

该品种的长势强势，从萌芽到成熟大约需要的时间是 160 天，每年的 8 月下旬到 10 月上旬之间成熟。它的产量较高，抗寒、适应性、抗病能力比较强，适合篱架栽培。

赤霞珠酿造出来的干红，丰满而且味道醇厚，颜色是深度的宝石的颜色，香味浓郁，一般都要在橡木桶里面贮藏一年才可以装进瓶子里销售。

2. 梅郁　梅郁是由梅露辄和魏天子杂交培育而成，由山东酿酒葡萄科研发的。

它的果穗一般平均约重 275 克，果粒紫黑色，接近圆形，平均约为 2.5 克，果皮比较厚，出汁率为 67%，酿造的葡萄酒回味绵长，是宝石红色，有玫瑰花的香味。

该品种长势强，每年的8月中旬到9月下旬之间成熟。它的产量较高，抗寒、适应性、抗病能力比较强。

二、白葡萄酒品种

1. 意斯林　又名贵人香、意大利雷司令，欧亚种。原产地是意大利，21世纪初的时候，由烟台的张裕酿酒公司从欧洲引入我国。在我国的山东、河北、山西、陕西、辽宁和河南栽培。

它的果穗比较小，呈圆柱形或圆锥形，平均重量在253克。它的果粒小，是绿黄色，阳面更黄，有褐色晕斑，圆形或近圆形，平均粒重1.8克，果皮比较薄，果肉软，果汁多，味道酸甜，出汁率为71%，果汁颜色土黄色。可溶性固形物含量16.6%~23.7%，含酸量0.43%~0.71%。可以酿造出可口的香槟酒、白兰地、白葡萄酒等。酒的颜色浅黄中带着点绿色，澄清发亮，香气宜人，味道柔和爽口。

该品种树势比较平庸，生长期需要153~158天。对温度要求比较苛刻，需要有效积温3240℃以上。例如，在河北昌黎地区，4月中下旬萌芽，5月下旬或6月上旬开花，9月中下旬果实充分成熟。它在生长的过程中，结实能力比较强，全部萌芽的新梢中，结果枝条占73.4%。结果枝上多着生2~3个果穗，产量非常高。

2. 霞多丽　原产地是法国，1951年由匈牙利引入中国。在我国的河北、山东、新疆及北京等地栽培。

它的果穗中等大，平均重量在225克。果粒中等大，是绿黄色，接近圆形，平均粒重2.1~2.5克，果皮中厚，果肉稍硬，果汁多，味道酸甜，出汁率为76%以上。可溶性固形物含量19%，含酸量0.6%~0.68%。可以酿造出可口的香槟酒、白兰地、白葡萄酒等。

酒的颜色浅金黄色，微绿晶亮，味醇和，回味好，适于酿制干白葡萄酒和香槟酒。

该品种树势比较强健，从萌芽到果实充分成熟的生长天数为149天，需要生长积温3147℃。例如，在北京地区，4月下旬萌芽，6月上旬开花，9月上旬果实成熟。它在生长的过程中，结实能力比较强，全部萌芽的新梢中，结果枝条占75%。结果枝上为1.5~1.7个果穗，产量非常高。抗寒、抗病能力强，适合篱架栽培，中梢需要修剪。

该品种的适应性能比较强，能够在各种土壤上生长，抗寒、抗病能力比较强。因为它的结果早、丰收性能好，所以对于肥水的要求也高。篱架栽培的时候要注意更新，控制结果的部位上移。它是酿制白葡萄酒和香槟酒的不错选择，比较适合在我国的干旱地区栽培。

3. 赛美蓉　原产地是法国，1980年从德国引入中国。在我国的河北、山东、陕西等地栽培。

它的果穗中等大，平均重量在250克。果粒为圆形，绿黄色，果粒生长紧凑，平均粒重3.3克，果皮中薄，果肉稍硬，果汁多，味道酸甜，出汁率为76%以上。可溶性固形物含量21%，含酸量0.6%~0.7%。可以酿造出可口的香槟酒、白兰地、白葡萄酒等。酒的颜色浅黄微带绿色，澄清透明，果香酒香浓郁，柔和爽口，酒质上等。

该品种树势比较强健，从萌芽到果实充分成熟的生长天数为130~140天，活动积温为2800~3100℃。例如，陕西8月中旬、河北沙城8月下旬果实成熟，为中晚熟品种。结实能力比较强，全部萌芽的新梢中，结果枝条占68%。每一结果枝上的平均果穗数为1.9个，产量一般。抗病性能比较差，容易感染白腐病，适合篱架栽培，中梢修剪。是酿造干白和半甜白葡萄酒的优良品种。

4. 琼瑶浆　欧亚种，原产地是希腊。

它的果穗歧肩圆锥形，带着副穗，穗小。平均穗重是 184 克。果粒生长得非常紧密。果粒是圆形的，粉红色或者暗红色。个小，平均粒重 1.4 克。每颗果粒里面有种子 2～3 粒。含糖量为 17.68%，含酸量为 0.56%，出汁率为 67%。它的果肉多汁，具有玫瑰味。用它制造出来的酒微黄色带绿，清亮，细腻，味柔爽口，果香极浓。

该品种树势比较中等，从萌芽至浆果成熟需 142 天，此期间活动积温为 2937℃。例如，山东济南地区，4 月中旬萌芽，6 月上旬开花，9 月上旬浆果成熟。结实能力比较强，萌芽率为 52%，结果枝占芽眼总数的 47.9%。每果枝平均着生果穗数为 1.52 个，产量适中。在浆果中，属于中熟的植株。适应能力强，能够抗黑痘病、炭疽病。

该品种是著名的麝香型葡萄酒用品种，多用来酿造贵宾酒、干白葡萄酒、甜白葡萄酒。经常种在温凉的气候和肥沃的土壤，并且能在黏重的土壤栽培，葡萄酒的香味非常好。抗病性比较弱，采前的果穗极易感病、腐烂。适合篱架栽培，以中、长梢修剪为主。

5. 小白玫瑰　欧亚种，原产地是地中海中部沿岸。在我国主要种植在华北地区。

它的果穗中等大小，圆形或圆锥形，带有副穗，穗小。平均穗重是 300 克左右。果粒生长得非常紧密。果粒是圆形的，绿黄色，个小，平均粒重 2.4～3.4 克。可溶性固形物含量 14%～17%，含酸量 0.5%～0.7%，出汁率 75%。果肉多汁，具有玫瑰味。

该品种树势比较中等，从萌芽至浆果成熟生长期 151 天，需有效积温 3400℃。例如，北京地区物候期，4 月中旬萌芽，5 月上旬开花，9 月中旬成熟。结实能力比较强，萌芽率为 52%，结果枝占芽眼总数的 47.9%。每个结果枝平均有花序 1.5 个，产量较高。适应性强。抗病力中等，易感黑痘病，不裂果。宜篱架栽培，中梢修剪。

喜欢高温干燥的环境，对土壤的要求不高，适应性也比较强，宜立架、小棚架栽培，中、长梢修剪。

它可以用作酿酒或者鲜食。是地中海沿岸国家的重要品种。是在前苏联克里本地区酿造名牌甜酒和蜜酒的主要品种。用它酿造的葡萄酒果香浓郁，酒体醇厚，回味绵长。鲜食也受到消费者的欢迎。

6. **白玉霓** 原产地是法国，是法国最著名的酿制白兰地品种之一。

它的果穗较大，长圆锥形，平均穗重 442.1 克，最大的达 780 克。果粒中等大小，果粒是圆形的，绿黄色，个小，平均粒重 2.6 克。可溶性固形物含量 17.9% ~21.8%，含酸量 0.36% ~0.68%。出汁率高达 78%，酿成的酒浅金黄色，澄清透明，香气怡人，回味绵延，能酿制出上等的干白葡萄酒和白兰地酒。果肉多汁，具有玫瑰味。

该品种树势比较强，从萌芽至浆果成熟生长期 163 天。例如，在河北昌黎，4 月下旬萌芽，6 月上旬开花，10 月上旬果实充分成熟。结果枝率 62.2%。每个果枝平均果穗数 1.6 个。结实力强，如果肥水管理得好的话，可以提前丰收。它的主要特点是产量高、管理容易、容易丰收。适应性比较强，能够在各种土壤上栽植。但是抵抗力比较弱，应该加强病害的管理。适合篱架栽培和中短梢修剪。白玉霓是酿制干白葡萄酒的优良品种，也是酿制白兰地的优良品种。

第四节 制汁和制干品种

一、葡萄汁品种

1. 紫玫康　紫玫康是欧美杂交种类型，由山西农业大学研制而成，母本是玫瑰香和康拜尔。后来由上海农科院园艺所引种鉴定，它的制汁性状高于一些世界名牌品种，并且具有独特的荔枝风味。

该品种的形状是圆锥形，果穗平均约重 102.1 克，果粒约重 3.7 克，果皮紫红色，果肉有肉囊，味道酸甜多汁，但稍微有点涩。生吃的时候质量一般，产量也一般，但是它的出汁率高达 73%，汁是紫红色，酸甜可口，汁多，味道比较浓厚，是南方优良的葡萄汁。一般生长在上海，8 月中旬成熟。

2. 康拜尔　康拜尔，别称康拜尔早生，是欧美杂交种类型，原产地在美国，后来引进我国，主要在黑龙江、辽宁、江苏、安徽等省以及上海市引进栽培。

该品种生长强势，果穗形状是圆锥形，平均约重 580 克，果粒约重 4.9 克，接近圆形。果皮比较厚，深黑色。果肉有肉囊，味道酸甜多汁，有草莓的香味。出汁率高达 80%，为紫红色，酸甜适宜，品质优良，适合封闭保存。吉林地区 8 月下旬成熟，辽宁地区中旬成熟，南北方都比较适合栽种，抗寒热性、抗病性强，不过不耐旱。

二、葡萄干品种

1. 无核白　与第二节的无核白一样。

2. 京早晶　属于亚欧品种，是中国科学院北京植物园利用葡萄园内的皇后和无核白进行杂交培育而成。目前在北京、河北、吉林、辽宁等地区均有栽种。适合在东北、华北以及西北地区栽培。该品种生长强势，果穗平均重约 240 克，呈现圆锥形，果粒生长聚集，重约 2.9 克，呈现卵圆或者长椭圆状，果皮较薄，黄绿色。果肉品质优良，汁少味甜，无核。北京地区的品种 4 月中旬发芽，5 月下旬开花，7 月下旬成熟。京早晶较脆弱，产量一般，容易脱粒，需要采收得当，抗病性一般。

第五节　优良的砧木品种

改革开放以前，我国使用砧木比较少。因为在我国广大的不下架、不埋土防寒地区，没有根瘤蚜和线虫危害，因此我国习惯用自根苗，而砧木的研究和利用几乎是一片空白。后来发展到寒冷的地区，树木存在根系冻坏的问题，从 20 世纪 60 年代以来我国开始使用山葡萄和贝达作为抗寒砧木，这对于我国在寒冷地区种植葡萄起到了巨大的推动作用。特别是改革开放以后，随着大量引进有粮酿造和生食品种，国外的某些葡萄病毒病、线虫、根瘤蚜也进入我国，甚至有些葡萄园发现了病毒病、线虫和根瘤蚜危害。为了避免不必要的伤害，保护葡萄的收成，在广大寒冷的葡萄园种植以外，积极推广有良好抗性和适应性的砧木具有重要的战略意义。

我国常用的抗寒性的砧木包括贝达和山葡萄。

（一）贝达

贝达广泛地分布在我国的东北各地，是河岸葡萄和美洲葡萄的杂交种。在我国的吉林南部、辽宁省等比较寒冷的地方得到应用。贝达虽然抗寒性比较强，扦插生根容易，但是它也有自己的弊端，贝达的根系抗寒能力不够理想，耐盐碱能力较弱。最近事实显示，很多贝达母树已经感染上了严重的病毒病，这样对接穗的品种的质量、品质和成熟都有不良的影响。

（二）山葡萄

山葡萄主要应用于黑龙江省及吉林北部。虽然山葡萄根系的抗寒性极强，但是因为它的扦插生根困难，所以采用的是实生繁殖。但是实生繁殖发育缓慢，根系不发达，根须又较少，所以成活率很低。还有就是山葡萄在与大多数葡萄主栽品种嫁接亲和力存在一定的问题，因此并不是十分理想的抗寒砧木。

除了贝达和山葡萄之外，一些单位现在正在利用山葡萄选育出具有抗寒酿造品质的砧木，如北醇、公酿 1 号、公酿 2 号。因为这些品种抗寒性强，可以在 $-11\sim-9$℃的低温生长，并且扦插生根容易，嫁接亲和力好，因此可以在不太寒冷的地方做砧木。

值得关注的是沈阳农业大学引进并筛选出的河岸 2 号、河岸 3 号、山河 1 号等抗寒抗病砧木，性能优良，抗寒性强，有希望代替贝达和山葡萄成为抗寒砧木。

第三章

现代化的苗木繁育

第一节 苗圃建设

一、苗圃的选择

苗圃的选择很重要。在选择苗圃的时候需要注意三个方面，第一是地势要平坦，尽量靠近水源，这样灌溉方便，排水也通畅，可避免发生洪涝。第二是要选择土质为有机质丰富的沙壤土或者轻黏土，这样可以保护肥料，保持水分不易流失，它的通透性也比较好。如果选择重黏土、盐碱土以及酸性土的话，必须改良后再种植豆科植物2~3年，这样才可以做苗圃地。

二、苗圃的规划

苗圃应该选在地势平缓的坡地，坡度要小于5°，地下水的水位要在1米以下，土壤为土层深厚、有机质多、土质疏松、肥沃的沙壤土或轻黏壤土为宜，同时保证肥料和水分不流失以及通透性良好。另外土壤的pH值要在5~7，其中以5为宜。值得注意的是苗圃的交通要方便，背风向阳。

苗圃的周围要有充足的水源，例如河水、库水、井水等都可以。葡萄园里最好使用的灌水装备为喷灌设备。因为葡萄苗的根系比较浅，生长旺盛的时候，需水量特别大，特别是在扦插苗和嫁接苗的初期，几乎每天或者隔天就需要浇水。

三、苗圃的建造

专业性的苗圃由采穗母本园、繁殖区、轮作区和砧木组成。比较小型的苗圃则由采穗母本树、繁殖区和轮作区组成。一般来说，小型的葡萄苗圃各园的比例为1：(6～7)：(2～3)。

母本园的作用就是专门为育苗提供繁殖材料的地方，例如嫁接苗接穗、砧木插条、扦插苗插穗等，母本园的大小则是根据需要繁殖育苗的任务量的多少来测定的。在选择母本园的品种的时候，要优先考虑没有病毒、没有病虫害以及抵抗力比较强的苗木作为母本树。

繁殖区作为苗圃的主体，一般大小是苗圃生产用地的60%～70%。值得注意的是，繁殖区要根据育苗任务量的多少划分若干面积大小不等的嫁接苗繁殖区、扦插苗繁殖区和砧木等。

繁殖区种植的时候有一定的期限，一般连续种植3～4年苗的繁殖区，就要改种其他养地作物，因为葡萄苗重茬，能引起土壤里面苗木需要的营养元素的缺失，并且容易受到前茬苗木根系分泌物的影响，造成根系发展不良、等级降低、成苗率减少、枝芽不容易成熟、苗木质量下降、病虫害加剧。

第二节 扦插育苗

一、插条的采集和贮藏

（一）插条的采集

插条的采集要注意，尽量避免在表现不良、被病毒侵害、有病虫的植株上采集。这样可以避免苗木质量的变劣和品种的退化。要选择在已经结果并且品种特征明显的优良母树上采集。一般采集插条的时间是和冬季修剪一致。在选择插条的时候，应选择那些发育良好、成熟早、色泽正常、芽眼饱满、无病虫害、节间长短适中的一年生枝蔓。每节枝段约 50 厘米长，7～8 节长，每 50～100 条捆成 1 捆。另外要在每捆的上面标上品种的名称和采集的地点，然后存放在沟中沙藏。

（二）种条的贮藏

在贮藏种条的时候要注意选择地势比较高，背风向阳、地下水位比较低的地方。首先，挖一个深 60～80 厘米的沟，根据贮藏种条的数目决定沟的长度和宽度。然后，在沟底铺一层厚度为 10～15 厘米的湿沙，把种条放进湿沙上。在存放种条的时候要一边晃动种条一边放，这样有助于种条之间充满河沙。最后，在种条上面再培上

20 厘米左右的沙土。培土是贮藏的主要步骤，一般培土会随着气温的逐渐下降分两次完成：第一次培土与地面持平，第二次培土高于地面 10～12 厘米，在东北、华北比较寒冷的地区覆盖的土还要适量的增加。插条贮藏期间要经常检查，沙藏沟里的温度不低于-3℃，不高于 5℃，最好保持在 1℃左右。如果温度过高，枝条的呼吸增强，消耗的养分就会增多，容易发霉。温度过低，芽眼就会受到冻害。贮藏沟里的湿度也要合适，如果发现湿度过大、种条发霉的时候，就要及时将发霉的枝条剔除。拿出来的枝条在 50% 或 75% 多菌灵 800 倍液或 5 波美度石硫合剂浸一下，晾干之后重新贮藏。除了用贮藏沟沙藏枝条，还可以用地窖、窖洞等设施贮存插条，在贮藏的时候，温度湿度大致与沟沙藏枝条一致。

二、露地扦插育苗

(一) 扦插时间

各地扦插的时间不一致，华北地区一般是在 3 月下旬至 4 月上旬开始，不过在华北北部则是在 4 月中旬露地扦插育苗。各地扦插的时间是按照当地的土温（15～20 厘米处）稳定在 10℃以上时开始。

(二) 插条剪截

春季的时候将贮藏的枝条从沟里面取出来，然后在室内用清水浸泡 6～8 小时。在剪截枝条的时候要有 2～3 芽，插条一般有 20 厘米长，节间比较长的品种则每个插条上要留 1～2 个芽。剪插条的时候，要在枝条上端芽的上部 1 厘米处平剪，下端在芽的下面斜剪，剪口呈“马耳状”（剪口距芽眼近时易生根）。注意芽眼要充实饱满，这样如果第一个芽眼受到损害的时候，第二个芽眼就可以萌发，提高扦插的成活率。

（三）育苗地准备

育苗地要选在地势平坦、土质疏松且肥沃，同时有灌溉条件、土层也要深厚的地方。第一年秋季土壤深翻的时候要达到 30～40 厘米，每亩有机肥达 3000～5000 千克，同时进行冬灌。春天的时候，土壤解冻要及时耕地保墒。扦插有三种，即平畦扦插、高畦扦插与垄插。比较干旱的地区主要使用的方式是平畦扦插，这种方式有利于灌溉。土壤较为潮湿的地区采用的是高畦扦插与垄插，这样可以保证及时排水，从而使地面不会过分潮湿。一般在扦插前要做好苗床。地形的形状决定了苗床的大小，一般畦宽 1 米，长 8～10 米。扦插株距 12～15 厘米，行距 30～40 厘米，每畦内插 3～4 行。

（四）覆盖地膜

葡萄扦插前首先用地膜覆盖苗床或者育苗地垄，然后在地膜的四周用土压紧，再用比较粗的木棍在苗床上插上一个洞，再把插条插入洞中。注意最上面的芽一定要高于地面 0.5 厘米左右，最后插条下部的扦插孔用细土密封好。地膜的作用主要是用来提高地温，保持土壤水分，有效促进果树的生长。地膜在减少土壤水分蒸发的时候，有效防止了土壤的结板和杂草的丛生，这样就减轻了管理苗圃的工作。

（五）扦插后管理

葡萄扦插以后到产生新根之前一定要注意防止土壤干旱。一般情况下，10 天左右浇 1 次水。另外，黏重土壤的浇水次数要减少，因为如果浇水过多的话，土壤就会过湿，地温也会降低，土壤的通气性就会不良，影响插条生根。还有插条生根后要注意及时的增加肥水。7月上、中旬苗木开始迅速成长，这时候要增加肥料2~3次，这样可以有效使枝条充分成熟。7月下旬至8月停止或者是减少施加肥水，防治病虫的侵害，还要主梢、副梢摘心，促进苗木生长，促进枝条加粗。还有苗木在生长期间，要及时除草，改良土壤通气条件，促进根系生长。

露地扦插成本低，易推广，是一种简单的育苗方法，但是如果管理不恰当的话，出苗率很低。另外露地扦插的苗木质量相对较差，成长期较短，一般每亩扦插8000根插条，成苗率80%。为了解决这种弊端，可以选择用化学药剂、电热催根、温床催根、火坑催根等方法处理苗木，然后再露地扦插。

三、温室营养袋育苗

应用营养袋扦插、电热催根、温室育苗，可以在较短的时间内，快速、大量繁殖苗木。

（一）插条剪截

一般准备在5月份栽植葡萄苗木，需要在2月下旬将种条拿出来，按照2~3个芽进行剪截。选择插条顶芽饱满的种条。在顶芽上留1 1.5厘米平剪，下端在节下0.5厘米处斜剪。剪好之后，每25~50根绑成1捆，在清水里面浸泡，12~24小时之后取出，这样可以有效提高种条的成活率。

（二）药剂处理

剪好的枝条首先用清水浸泡，然后用药水进行根部处理。具体使用方法为：

①用少量酒精溶解吲哚丁酸或生根粉，然后加入适量的水配成需要的浓度。

②将配好的药液倒入铺好塑料布的平底坑内或者平底容器内。

③把捆好的插条下部 3 ~ 4 厘米浸入药液中。一般用 100 ~ 200 毫克/千克的吲哚丁酸或 50 ~ 100 毫克/千克的 ABT 生根粉浸 5 ~ 6 小时，也可用 1000 毫克/千克的吲哚丁酸速蘸种条基部 2 厘米处 5 ~ 10 秒钟。

（三）电热催根

目前常用的催根方法是电热温床催根。电热温床主要是由电源配套自动控温仪、感温头、电热线组成。每条电热线长 100 米，功率 1000 瓦。布线距离为 4 ~ 5 厘米，可建成 4 ~ 5 平方米的床面，供 2 万 ~ 4 万根插条催根。

电热温床地点可以选择室内或者室外，一般情况而言，如果在室内催根的话，容易控制空气的湿度，同时温度也不受外界的影响。如果是在室外催根的话，一般采用的是地下式床，这样做的好处是保温效果非常好。

室外电热温床的具体做法：

①在地面挖深为 40 ~ 50 厘米、宽 1.5 ~ 2.0 米、长 3.0 米左右的沟槽。

②床内铺厚度 5 ~ 10 厘米的稻草帘，草帘上铺 5 厘米左右厚的湿沙，整平。

③在床的两头各横放一根长 1.5 ~ 2.0 米、宽 5 厘米的木板条，在上面要每间隔 4 ~ 5 厘米均匀钉铁钉，然后把木板条在地下固定牢，以备在铁钉上挂电热线。注意电热线是顺着温床的方向纵向拉直的，来回布线，把整条电热线都布完，要在两头都留下接线头。

④布好电热线后，铺 5 厘米厚的湿沙，然后摆放插条。插条应直立摆放，基部平齐，中间空隙用湿沙充满，保证插条基部湿润。

⑤插条在床上摆放好后，将电热线两端接在控温仪上，感温头插在床内，深达插条基部，然后通电。因为控温仪灵敏度有的误差

比较大，为了保证温度的准确，应该人为通过温度计去校正温度。方法是在感温头的同等深度，在不同的地点放置2~3支温度计，然后观察温度计的显示温度与控温仪温度是否一致。如果出现偏差立刻调整。一般促根温度为25~28℃。

⑥经14天左右，插条基部的愈伤组织长出，并且长出了白色的小根。扦插前2~3天断电，这是为了锻炼插条。

在催根的过程中，一定要注意插条基部河沙的湿度，并且要勤于浇水。床上要注意遮光，防止床表面的温度过高，使芽眼先萌发，影响插条扦插成活率。

（四）塑料营养袋制作与苗床管理

1. 配制营养土　首先筛选将要使用的河沙和土，比例为1∶1，然后充分搅拌。选择时，河沙要干净并且没有污染，最好是粗沙，然后再加上田间腐熟的表土就最好了。

2. 营养袋的制作与摆放　塑料袋的直径为5厘米左右，长10~12厘米。装上营养土并且将土摁实后，密集、整齐、竖直地摆放在温室的大棚里面。

3. 种苗扦插与管理　将种条进行催根处理后大约2个星期，就能够长出白色的幼根或者是愈合组织。然后把长出根的种条扦插到塑料营养袋中。在扦插前要将塑料袋中的营养成分补充足，再扦插种条，最好让顶芽露出土面。将苗插好后，再均匀喷上一层水，这样可以使插条和土壤很好地结合。

在管理扦插苗时，主要是要调节和掌握温室内的温度、湿度和营养袋土壤的湿度。一般扦插苗在前期的时候，温度比较低，蒸发量小，这时要每隔2~3天喷1次水。后期的时候，因为温度升高，蒸发量变大，就要适当多浇水。温度过高的时候，可以遮阴或者通风换气，这样可以降低温度。一般室内的温度保持在20℃以上，最高不超过28℃。土壤的温度应保持在15~20℃以上。

光照过强的时候，容易将刚长出来的幼叶灼伤，所以要有遮阴的措施，避免阳光直射。幼苗在生长期间，养分容易不足，可以适量喷几次0.3%的尿素或0.1%～0.2%的磷酸二氢钾等叶面肥。另外在幼苗期间要适量除草。4月下旬至5月上旬，幼苗长出3～5片叶片时，通风炼苗之后就可以把苗木移栽到苗圃或直接定植。

四、全日照嫩枝扦插喷雾育苗

全日照嫩枝扦插喷雾育苗是现代化育苗的一种新方法，方法就是通过电磁阀控制进行间断喷雾，这样就可以使叶片在一定的时间内表面形成一层水膜，然后使叶片的微域内的水分处于充足的状态。这样可以很好降低叶内水分的蒸腾，促进光合作用，从而保证叶片在烈日下不会出现萎蔫、灼伤的状态，从而可以很好保证嫩芽的成活率。这种方法的特点就是利用各种资源，然后快速方便地在大面积内育苗。

育苗的具体方法如下：

（一）时间

选择优良品种的健壮的葡萄母株上长出的新梢或者副梢，然后当枝条达到半木质化的时候就可以扦插了。具体的时间因不同地方的物候期的不同而不同。一般时间是6月中、下旬至7月上旬，但是最晚不能晚于7月下旬或8月上旬，否则新梢就不能成熟，也不能安全度过冬天。

（二）苗床选择与设备安装

育苗的时候，要选择光照充足、地势较平坦、灌溉良好、透水保肥的沙壤土。首先做出苗床，然后用细沙作为苗床的基质。一般情况下，基质的厚度是20厘米，畦面宽1.8～2.4米、长50米左右，畦面中心稍微高，苗床之间有40厘米作业道。

①将电磁阀按10米间距按照顺序安装到主水管上，主水管每隔2.5米安装一个“四通”。

②连接8个20～30米的支水管，控制4个台面，支水管上每隔75厘米用毛管连接一个微喷头，然后把主水管和支水管埋入畦面下20厘米。

③苗床附近40米以内安装一台扬程50米、出水量18吨/小时的水泵，与微喷连接起来，每台水泵可控制5～7个电磁阀，控制育苗面积1.5亩。

（三）插条采集与处理

插条采集时间最好是在天气晴朗、没有露水、太阳还没有升起的早晨。把采集到的半木质化的新梢或副梢，每50根一捆，快速转移到育苗基地进行处理。对于采集到的枝条要2～3节为一段，顺便把枝条基部的剪口剪成马蹄形。在它的上剪口节上留1.5厘米左右平剪，注意剪口越小越好。苗顶部留1叶片，其余1～2片剪掉。把剪好的枝条基部对齐，每30～40根一捆，然后用ABT号生根粉10000倍液浸蘸半小时后取出，在87%疫霜灵可溶性粉剂600倍液中涮一下即可扦插。

（四）扦插

因为绿枝的插条比较细软，所以需要用小木棍来打孔然后进行扦插。如果是要大量进行育苗扦插的话，那么要先制作一个扎孔板，这样扦插的时候就比较快了。但是嫩枝扦插的时候一定要随采随用、随剪随蘸药、随涮随插，不能等到第二天的时候再扦插。

喷雾扦插后紧接着就要进行间断喷雾了，这样可以很好达到降温保湿的效果。因为在扦插后要始终保持叶片的湿润，喷水的次数要根据天气的情况而定。如果是阴雨的天气，可以少喷，或者不喷，但是在白天、晴天和风天的时候要经常喷。喷水总的要求就是叶片湿润但不干燥。

一般插条在7天左右的时候就能够长出愈伤组织，两周之后就可以长出新根，半个月的时候就要控制水分，3周开始炼苗，4周左右开始移栽。因为扦插生根的时候，苗床处于高温高湿的状态，这时候，扦插苗容易感病，所以要在每天傍晚的时候喷1次高锰酸钾，7天喷1次87%疫霜灵可溶性粉剂600倍液，这样可以起到预防的作用。在长出新根的时候，可以结合喷雾进行叶面喷肥，促进枝叶生长和壮苗。

（五）移栽和管理

在起苗的时候要注意，一定要用平锹从床面以下15厘米处平铲起苗，这样可以保护苗根不受伤害。然后用手轻轻地提起树苗，抖掉它上面的沙土，然后放进事先准备的器具里面，并且用湿麻袋迅速盖好，然后转移到定植的地方。为了提高植株的成活率，要尽量减少根系接触空气的时间。

定植的行向主要以南北方向为宜，最好是在栽种前整理成小垄台，这样可以防止涝害发生。以行距为50厘米、深和宽各15厘米左右开沟，然后再放入生物钾，这样可以按照株距15厘米把绿苗放进沟里，从而保证根系的自然舒展，然后再培土，平整后修畦埂灌水，随时栽，随时浇，然后再松土中耕。

因为绿苗移栽之后，根系吸收水分的能力比较差，但是绿苗需要保持湿润的环境，因此要每隔3天浇一次小水，当根系已经具备了自己吸收水分的能力的时候，要适当控制水分。当新梢长到5~8厘米时施一次速效性氮肥，每亩可追施尿素10千克，8月中、下旬施入葡萄专用肥，注意在施肥的时候要及时除草，施肥也可以与降雨同时进行。

栽种后，一定要喷1次广谱性杀菌剂，每隔1周喷1次瑞毒霉、克霜氰或疫霜灵，重点防治霜霉病。另外在每次喷药的时候都要加入叶肥，这样可以促进枝条尽快地成熟。

如果苗木长到20厘米以上的时候就要摘心了，到了8月下旬则不管它的新梢有多长，都要进行摘心。如果苗木长出了2～3个成熟芽，就是当年生的成苗。如果成熟芽少于2个，则要采取拱棚增温的方法，延长苗木的生长期，然后促进苗木的成熟，直到苗木成熟之后为准。

第三节 嫁接育苗

葡萄根部的三大病虫害，即根瘤蚜、根癌病和线虫严重制约着葡萄业的发展。因此要选择能够抗此类病虫的砧木，就可以解决这些问题。这些年来，随着抗性砧木的推广，各地区选择适合当地生长的抗性砧木嫁接优良品种，然后利用这些砧木育苗，能够很好地抵抗病害的发生。推广嫁接技术，不仅能够充分发挥砧木的优势，而且能够减少肥料、药剂的使用，增加葡萄的抗性，降低种植的成本；减少管理的次数，而且还能增加葡萄植株的生长势，还能提高果实外观和内在的品质，生产绿色食品，提高经济效益；还有利于葡萄无毒化栽培，促进葡萄品种区域化栽培。

一、嫁接繁殖的原理

把植物一部分的器官移植到另一个植物上，然后使两者结合成一个新的个体。生物学把这种方法叫作嫁接。嫁接以下的部分叫作砧木，以上的枝、芽叫作接穗或者芽。

嫁接之后，砧木和接穗削面因为愈伤激素的作用，伤口周围的细胞就会生长分裂，形成层的细胞活动也会加强，从而形成愈伤组织，然后砧穗愈伤组织的薄壁细胞就会相互连接，然后愈伤组织进一步分化，向内形成新的木质部，向外形成新的韧皮部，把导管和筛管连接起来，然后把输导组织连通。接着砧木的根系就会从土壤里面吸收水分和养料，经过木质部导管上升，然后通过嫁接口结合处开始运送到接穗，供给新梢和叶片。接穗收到砧木送来的水分和矿物质营养以及储备的营养物质，开始萌芽、抽梢、发叶，进行光合作用，制造需要的糖类。一方面满足新梢生长发育的需要，另一方面可以从韧皮部筛管向下运送给砧木，供根部的生长需要。这样，砧木和接穗就会形成有机体，然后形成新的植株，并且开始独立生长发育。

二、接穗的采集贮藏

1. 硬枝嫁接接穗的采集与贮藏　一般情况下，硬枝嫁接所用的接穗一般都是前一年在冬剪的时候采集的。初冬时，选择那些成熟充分、芽眼饱满、没有病虫危害的一年生枝条，剪去它的卷须、叶柄。然后每50根捆一扎进行贮藏。在南方地区，要选择阴凉处进行湿沙贮藏。北方地区则要选贮藏沟（窖）进行贮藏（具体参照扦插育苗部分）。

2. 绿枝嫁接接穗的采集与贮藏　绿枝嫁接所用的接穗则是根据育苗计划的要求进行的，如果母本园接穗量不能满足育苗要求的话，那么就要建立临时的接穗采集园。选择那些品种纯正的苗在早春的时候进行种植。株与株之间的距离为0.3米×1.5米。每株上面要有3~4个芽，芽萌发之后就要全部留下来。等到新梢长到10片叶子的时候，再进行摘心。等到新梢半木质化时再进行采集接穗。采集接穗的时候要在基部留下2个芽，让它继续萌芽生长。这样，一株可采集30~50个芽，每亩可采集5万~7万个芽进行嫁接。

如果利用生产园采集一部分接穗的话，那么在前期留梢量则要比生产园留梢量增加1倍左右，如果是计划采集接穗的新梢，那么就要及时地摘除花序，这样可以促进生长。

三、嫁接育苗的方法

(一) 葡萄硬枝嫁接育苗

(1) 嫁接时期　葡萄嫁接的时期一般是在春天的4~5月份，温度开始上升到5~6℃时。可以在室内进行舌接或硬枝劈接的方法进行嫁接。另外，硬枝嫁接期要避开砧木伤流期，否则就会影响愈伤组织的产生。

国外采用的是硬枝嫁接机嫁接，这样嫁接机械化已经实现，接一个条只需要几秒钟，大大提高了嫁接工作的效率。我国的某些科研院校已经开始试用，相信在不久的将来，硬枝嫁接机也会在国内普遍地应用起来，使嫁接栽培更上一层楼（图3-1）。

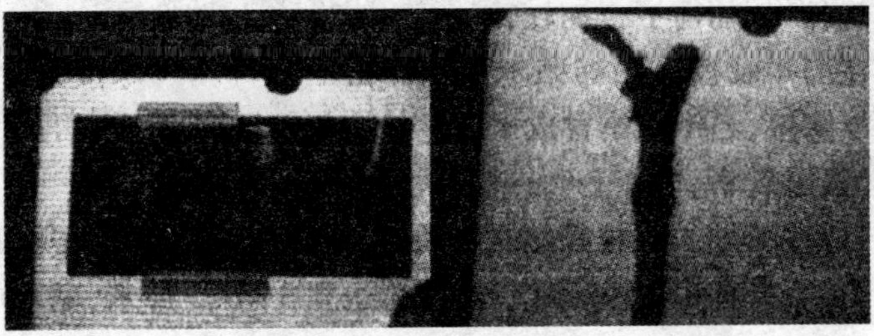

图3-1　嫁接机嫁接

(2) 嫁接操作　在嫁接操作之前，首先把贮藏的硬枝接穗取出来，然后放到清水中浸泡 4 ~ 8 小时。再将它埋在湿沙里面进行催芽，等到芽眼膨大的时候就可以将芽眼嫁接了，没有膨大的芽眼不适合嫁接。嫁接的程序应该是取有 2 ~ 3 个芽的砧木，然后在上部芽眼上方 4 ~ 5 厘米处平剪，在横切面中心线垂直劈下，深度为 2 ~ 3 厘米，同时接穗芽眼上方 2 厘米处平剪，芽下方 0.8 ~ 1 厘米处斜削成长 2 ~ 3 厘米，两侧平滑的楔形斜面——然后把接穗插进砧木劈口中，保证砧穗形成层至少有一边是对齐的，然后用塑料膜条将嫁接口和接穗全部包扎得严严实实的，不能露出接芽。

（3）嫁接后的管理

①等到芽眼膨大之后，就在芽眼的上方用刀片划破塑料膜，让新梢可以露出来。等到新梢加粗生长的时候，就要把缠绕在接口处的塑料膜去掉，否则的话，塑料膜就会影响接口捆绑外的增粗和嫁接苗的生长。

②嫁接之后，砧木上萌蘖长得非常快，这会影响到接芽萌发和新梢生长，因此萌蘖芽眼萌动的时候就要赶紧去除掉。

③要及时进行摘心和副梢的处理。第一次摘心是在嫁接的新梢长到 30 ~ 40 厘米时，第二次摘心则需要新梢长到 70 ~ 80 厘米时，等到 9 月上旬，中上部的副梢就要全部的摘心，这样可以促进树木的增粗和促进新梢的木质化。在进行副梢处理的时候，也就是第一次摘心的时候，全部的副梢都要去掉，这样可以保持下部通风。在第一次摘心和第二次摘心之间，副梢上面则要留 1 片叶子，这样可以增加新梢营养物质的积累；第二次的时候，副梢留 2 片叶子然后反复摘心。

④要注意肥水管理，防止病虫的侵害。苗圃上面如果施加了很多的有机肥，那么还要多次追肥。大多数的新梢长到 6 ~ 8 片叶的时候就要追肥。以后每隔半个月就要施加一次肥料，主要以氮肥为主。在病虫的防治上面，主要预防的是霜霉病、白粉病和褐斑病，做到无病先防，控制发病的效果。一般是从 5 月开始至 9 月用 400 ~ 500 倍的必备保护，这样可以基本上预防病害的发生。

（二）葡萄绿枝嫁接育苗

所谓的绿枝嫁接就是在葡萄的生长季节，利用嫩枝作为接穗进行嫁接繁殖苗木的方法。绿枝嫁接的砧木，一般都是上一年用扦插的方法育成的砧木苗，但是在扦插的当年不起苗，在第二年的时候原地进行嫁接育苗。在葡萄生长期较长的地区，也可以在日光温室或塑料大棚，在当年的硬枝扦插的砧木营养钵苗上进行绿枝嫁接。可以是当年扦插，也可以当年嫁接。当年秋季育成一年生的苗木的时候，可加快育苗，提高苗木的繁殖速度。

（1）嫁接时期　绿枝嫁接时期有两个条件，第一是接穗和砧木的新梢必须在6～8片以上，茎粗达0.3～0.5厘米，砧木嫁接的部位和采用的接穗必须达到半木质化程度；另外一个条件就是嫁接成活的新梢有100天以上的生长期，在落叶前，新梢基部至少要有4个以上充分成熟的芽眼。河南地区要在5月下旬至6月下旬时进行。

（2）嫁接操作　砧木需要进行摘心和除副梢，这样可以促进葡萄的生长。2～3天后，就要把砧木基部的腋芽全部去掉，只在砧木的基部留下2～4片叶，将上部芽眼上方2～3厘米的节间剪断，然后在剪口处垂直劈开，深度为2～2.5厘米——选择那些已经木质化的，并且与砧木粗细差不多的接芽，在芽上方1厘米处削平，芽下方0.8～1厘米处斜削成长2.5厘米左右，两侧平滑的楔形斜面——然后把接穗插到砧木的劈口里面，使砧穗形成层至少有一边对齐，然后把接穗削面基部露出砧木2～3毫米，也就是“露白”，容易生成愈伤组织。最后用1厘米宽、有拉力的塑料薄膜条从下到上把接穗顶部包扎好，不过接芽要露出来。

（3）嫁接后的管理　嫁接好之后，要及时地灌水，并且去掉砧木上面的萌蘖，同时做好病虫预防工作。当接芽抽出20～30厘米新梢时，选择一枝比较粗壮的枝条，然后捆绑在竹竿或者是铁丝上面，这样可以防止被风吹断，并且有利于通风透光和病虫害的发生。注意要及时对副梢留 1 片叶子摘心，从而促进新梢的长粗长壮。在 6 ~ 8 月期间，每隔 10 ~ 15 天灌 1 次透水。8 月末至 9 月初则要对新梢进行摘心，为促进新梢的成长，应喷洒 0.3% 磷酸二氢钾共 3 ~ 5 次。

（三）葡萄芽接育苗

葡萄的芽接技术，目前应用比较少。实际上，芽接的成活率比绿枝嫁接要高，而且芽接的葡萄更加容易成熟，并且操作方便。

（1）嫁接时期　芽接的最好时期一般在 6 ~ 7 月，也就是新梢已经接近了全木质化，这时候的芽容易取下来。选择当年春季硬枝扦插的无性砧木营养苗。接穗则要选择那些生长旺盛、冬芽饱满，并且副梢还没有萌发的当年新梢。剪取出需要的接穗要立即去掉叶片，只剩下一端长度约为 1 厘米长的叶柄。可以先把去掉叶片的接穗的基部放进清水里面浸泡 1 个小时，然后取出，用湿布包好，放在阴凉的地方，这样有利于芽接时剥芽。

（2）嫁接操作　葡萄芽接的方法就是用芽接刀在接穗芽的上方大约 1 厘米处横切一刀，深度达到木质部，再在芽的下方 1.5 厘米的地方，顺着枝条向上，由浅向深削进木质部至上切口处，然后轻轻地往上面一撬，用手指将芽片捏好，轻轻将它取下来，这时候的芽片 2 ~2.5 厘米大小，呈盾形。砧木则选择 0.8 ~ 1.0 厘米的当年生砧木苗，并且在砧木的基部 10 ~ 20 厘米处的地方，选择一个芽眼，按照上文中获取芽眼的方法获取砧木的芽眼，然后把芽片平展地贴在砧木的切口处，使它可以很好地跟砧木的切口结合，最后用塑料条包扎住接口，再露出接芽和叶柄就可以了。

如果接芽不离皮，那么可以选择木质部接芽。在砧木离地 10 厘米左右比较光滑的部位进行嫁接。然后在砧木的上面斜切上一刀，深入砧木的木质部，然后在切口上 2 厘米处，从上而下，连同木质部向下削到下部刀口处，将砧木取下。用左手拿着接穗，选取饱满的芽，右手拿着刀在芽的上方 1 ~2 厘米的地方向下斜削一刀，深达到木质部，再从芽的下方，大约1厘米处成45°角斜切一刀，取下带着木质部的芽片。芽片的长度和砧木上切口处基本相等，或者略微小于砧木的切口，宽度与接穗的粗细差不多。但是不能比砧木宽。砧木和接穗削好之后要把接穗的下部镶嵌到砧木中，两边的形成层最好对齐，如果不能的话，至少一边的形成层要对齐，然后用塑料条将它们捆绑，捆绑的时候要露出接芽和叶柄，并且捆绑要结实。

第四节 脱毒育苗

葡萄育苗的方法有两种，一种是用常规育苗的方法，另一种是用组培快速繁育的方法。在常规育苗的方法中，每年培育出来的葡萄苗只有几十或者上百株，根本就不能达到葡萄在生产过程中对脱毒苗木的需求。使用组培快速繁育的方法，则可以用1~2个月就可以繁殖出一代，每年可以繁殖几万株甚至几十万株的幼苗。并且这种方法不会受到季节、气候、地区以及病虫等因素的影响，可以大大提高繁殖速度，也可以保留品种的优良性状。是某些发达国家主要采取的育苗方法，我国目前也开始将这种方法用在实际生产之中。组培育苗的过程如下：

（一）培养基母液的配制

表 3-1 培养基母液的配制

母液名称	组成部分
10 倍液的配制	取硝酸铵 82.5 克，硝酸钾 95 克，磷酸二氢钾 8.5 克，硫酸镁 18.5 克，氯化钙 22 克加蒸馏水分别溶解定容到 1 升
100 倍液的配制	取碘化钾 83 毫克，硼酸 620 毫克，硫酸锌 860 毫克，钼酸钠 25 毫克，硫酸铜 2.5 毫克，氯化钴 2.5 毫克，硫酸锰 1.69 克，乙二胺四乙酸二钠 3.73 克，硫酸亚铁 2.78 克，甘氨酸 200 毫克，肌醇 10 克，盐酸 50 毫克，盐酸硫氨素 10 毫克，盐酸吡哆素 50 毫克加蒸馏水分别溶解定容到 1 升

（二）生长调节剂的配制

表 3-2 生长调节剂的配制

生长剂名称	组成部分
吲哚乙酸	取吲哚乙酸 20 毫克，用少量的 95% 乙醇溶解，加蒸馏水定容到 200 毫升
吲哚丁酸	取吲哚丁酸 20 毫克，用少量 95% 乙酸溶解，加蒸馏水定容到 200 毫升
赤霉素	取赤霉素 20 毫克，用少量 95% 乙酸溶液溶解，加蒸馏水定容到 200 毫升
萘乙酸	取萘乙酸 20 毫克，用少量 95% 乙酸溶液溶解，加蒸馏水定容到 200 毫升

（三）培养基的配制

表 3-3 培养基的配制

培养基名称	组成部分
分化增殖培养基	取 10 倍液 20 毫升，100 倍液 10 毫升
生根培养基	取 10 倍液 10 毫升，100 倍液 5 毫升，加入吲哚丁酸 0.1~0.3 毫克/千克，萘乙酸 0.05~0.2 毫克/千克，琼脂 5 克/升，蔗糖 15 克/升

把各种生长调节剂和母液混合定容，然后用 1 摩尔浓度的盐酸调整 pH 值到 5.8，再加入琼脂，等到溶解之后加入蔗糖，再搅拌均匀，随后放进三角瓶中进行高压灭菌，完成一切后平放冷却。

（四）分离培养

选择没有病毒的母株，选取生长旺盛的嫩梢，然后去掉比较大的叶子，剪成大约 3 厘米长的茎段，冲洗干净，消毒之后，将它放入灭菌水中浸泡 3~4 小时，再切除掉与药剂接触的剪口，取出 1~2 毫米长的顶梢以及带一个嫩芽的茎段，接种到分化增殖培养基里，放在光强为 500~2000 勒克斯，温度为 20~28°C，光照每日 10 小时的环境中去培养。

（五）继代繁殖

已经成活的试管苗每隔 30~40 天转移一次，然后将它们切割成带有 2~3 个腋芽的茎段，转接到增殖培养基上。

（六）生根培养

如果嫩梢高达 2 厘米以上，那么就把它接种到生根培养基上。过 15 ~20 天嫩梢就可以长出新根。这样增加继代培养的次数，能够很好地提高生根率和生根质量。

（七）生根试管苗的移植

在移栽之前，首先将已经生根的树苗放在强光下面炼苗 15 天。然后打开瓶子炼苗 1 ~2 天，此时去掉根部附着的培养基。最后移植到基质中，盖上有颜色的塑料保护膜，使其达到遮阴保湿的目的。1 周之后就可以通风透光了。

（八）移栽苗圃

把培育成功的树苗转移到室外进行炼苗，过 1 周后栽种到苗圃中。

第五节 苗木出圃

（一）苗木出圃时间

葡萄是落叶果树，一般秋季叶片脱落的时候就可以进行出圃。对于气候温暖的地区，在秋季起苗之后就可以立即进行秋栽了。这样不仅可以提高根系的恢复，而且能够使苗圃在起苗后可以进行绿肥或者其他作物种植以恢复地力。对于冬季比较寒冷的地方，在秋季落叶之后，不能立刻栽植。要把这些树苗放在地窖或者假植沟里面，然后在第二年的春季再栽植。对于一些秋季不能挖苗的地方，苗木要在苗圃里过冬，第二年春天的时候再起苗，另外要注意地上部分的埋土御寒和防止冻害、鼠害。同时，第二年起苗的时候不能太晚，防止根系和枝条的损伤，造成过多的伤害。

（二）起苗与假植

在起苗前，首先确定苗圃的土壤是否干燥，如果干燥的话就要适量增加一次灌水，这样不仅起苗容易，而且在起苗的过程中，不容易伤到植物的根系。其次，要认真地核对苗圃里面葡萄的品种，这样可以防止在起苗的时候发生品种混乱。苗圃中的根系一般分布在插条下端30~50厘米的土层中，并且向四周扩散，所以在起苗的时候一定要注意远离苗木的根部，避免伤到根部。因此在起苗的时候，要在行间挖掘，然后再在株间分离，这样可以保证肉质根长度在15厘米以上。挖苗后可以把根上带着的土轻轻地抖去，尽量多地保留支根和须根，减少根部的损失，并且及时地将那些伤根、断根去掉，然后按照每50株捆成1小捆，并且在每个捆的外面注明葡萄的品种。如果要运销苗木，则可以用草袋、麻袋进行包装。对于路途比较遥远的苗木，则可以在袋子里面加入适量的保湿物品，或者用塑料袋包装，防止在运输的过程中苗木失水干枯。

对于暂时不向外运输的苗木，要立即进行假植。假植一般在地窖贮存或在假植沟中进行。假植沟一般应该在土层深厚、被风向阳，并且不积水的地方挖掘。一般深度为80~100厘米，宽度为80厘米，长度则是按照苗木的多少决定的。假植沟挖好之后，首先要在沟底填入一层细沙或者细土，然后把捆好的苗木根系按照品种的类别整齐地排在沟里。同时，要在根系部分填上厚度为15~20厘米的细沙或细土。对于苗木上部的枝条也要适量的掩埋，防止冬季冻梢和风干。掩埋的厚度根据当地冬季的天气情况进行，为了防止发生假植过程中造成的品种混乱，除了在每捆苗上面挂上品种的类型，还要对假植沟内的各个品种的安置作一个详细的记载，起苗的时候要再次核对，对于育苗量比较大的单位，最好按照不同的品种分开育苗。

（三）苗木分级

按照国家标准对苗木进行分级是苗木出售的一个重要环节。为了能够保证苗木的质量，必须认真进行分级。

葡萄育苗的方法有很多种，各个品种之间的生长强弱也有所差异。所以苗木在分级和规格上面就有所不同，对于优良的苗木来说，必须选择那些枝条健壮、根系发达、品种纯正、无损伤和病虫害的苗木。初次之后，对于嫁接苗来说，不仅要符合这些标准，还要结合部位愈合良好。

（四）检疫与苗木消毒

苗木检疫是根据法律的形式进行的，这样可以很好地防止危害性病虫的传播。各地的苗圃和育苗单位都必须严格地执行。据我国植物检疫部门的规定，我国葡萄苗木的国内检疫性虫害是葡萄根瘤蚜和美洲白蛾，检疫性病害是葡萄根癌病。

检疫由法定的单位进行检测，向外运销的葡萄必须经过检疫部门签发的检疫证和准运证。葡萄在生产上不仅要杜绝病虫的传播，并且还要尽量防治病虫的传播。所以，苗木不仅要检疫，而且在运销前还要对苗木进行消毒。这样可以很好地防止介壳虫、黑痘病和葡萄壁虱的传播和损害。葡萄树苗常用的消毒药剂为 3～5 波美度的石硫合剂或 0.1% 的升汞溶液全株喷洒，或者浸苗 1～3 分钟，然后晒干，再包装运送到外面。

第四章

经济的葡萄园建设

第一节 葡萄园的选择与规划

一、葡萄园的选择

葡萄产地的生态条件制约着葡萄的生长、发育以及果实品质的优劣、产量的高低、栽培效益的高低。因此在选择生产葡萄的时候，一定要注意当地的生态条件。

（一）生态条件

（1）温度　葡萄从温带起源，是喜温作物，受温度的影响比较大。葡萄生长的各个时期对温度的要求不一样。例如，欧洲在种植葡萄的时候，萌芽时候的平均温度为 10～12℃；开花、新梢生长和花芽分化期的平均温度为 25～30℃；如果温度低于 10℃时，新梢就不能正常的生长，如果低于 14℃时葡萄的开花就会受到影响。葡萄成熟的时候，最合适的温度为 28～32℃，此时的温度有利于积累糖和分解有机物。如果温度比较低的时候，果实里含糖量就会减少，酸性增强，如果温度低于 14～16℃时，葡萄成熟就会变缓，温度过高的时候果实的糖类太多，酸性变低，如果温度高于 40℃时，果实就会收缩，甚至干皱。

葡萄的耐寒性很低。例如，欧洲的葡萄的芽眼在休眠时期可耐 -15℃的低温，但是在 -17～-16℃时就会发生冻害。充分成长的一年的生枝可以抵抗 -20℃的短期低温；老蔓的话，抵抗力变强，在

-26～-20℃的时候产生冻害，不过，嫩梢则是在-1℃时就会变坏。葡萄的根系抵抗力很弱，在-7～-5℃的时候就能受到威胁。葡萄的花蕾期则是在-6℃时花蕾受损。葡萄在开花期的时候，花在-0.6℃以下的低温时也受损。

不过，葡萄也有抵抗力比较强的品种，比如贝达和山葡萄类型品种。它们的根系可以抵抗-16～-14℃的低温，休眠的枝蔓可抗-40℃低温，所以在寒冷的地区，常常用山葡萄和贝达做抗寒砧木。

（2）水分　土壤里面，水分充足，植株萌芽快，新梢生长迅速，浆果的颗粒大而饱满，是保证葡萄的丰产条件之一，所以葡萄园中必须有灌溉条件。水是一切物体成长不可或缺的一部分。水在葡萄的生命活动中起着重要的作用。首先营养物质通过水溶解运送到各个器官，因此水是营养物质的载体。其次，通过水分的蒸腾作用，可以调整树的温度，促进水、肥料的吸收。当葡萄园中的水分缺失的时候，枝叶的生长量就会减少，引起落花落果，从而影响浆果的质量和数量。值得注意的是，如果葡萄园长期处于缺水的状态，突然下了一场大雨或者被灌溉，那么就会造成很多的裂果。还有就是水分过多的时候，对于葡萄生长也不好，容易引起植株的不必要的生长，影响枝芽的正常成熟。因此在地势比较低洼的葡萄园雨季的时候要注意排水。葡萄的各个时期对于水分的需求也不尽相同，在早春萌芽期、新梢生长期、幼果膨大期需要有充足的水分供应，这时候土壤的含水量应为70%左右，在浆果成熟的前后期，土壤的含水量应达到60%左右。

（3）光照　葡萄是明显的喜光性树种，对光的要求也比较敏感。一般在光照充足的情况下，叶片厚并且色彩浓烈，植株的生长也比较健壮，花芽长势好，产量也比较高，果实的品质好。如果是光照不足的话，葡萄的叶子变得单薄，颜色暗淡，严重的时候，还可能造成落花落果，枝条的生长不能充分成熟，影响植物冬天的抗寒能力，还会影响浆果的质量，使浆果的含糖量降低，酸性增加，从而严重影响果实的重量和质量。不同品种的葡萄对光照的要求也不同，欧亚种品种比美洲种品种光照条件更高。例如，康拜尔等品种在散射光的条件下能够很好地着色，玫瑰香、里扎马特、赤霞珠等品种则要求直射光才能着色，制干品种无核白对光的要求则更高。因此，在选择葡萄园的时候，要选择光照充足的地块，确定它的合理的栽植方式，然后最大限度地利用光能。在修剪枝条的时候要注意采用合理的架形，保证架面的透光性。

（4）土壤　葡萄的适应性很强，除了地下水位不足 1 米、土壤黏重、通气性不良、重盐碱土、沼泽地等地方外，不管是在沙壤、黄壤、红壤还是黑钙土均可栽培。葡萄的生长发育、产量、品质与土壤关系密切。疏松肥沃的壤土或沙壤土上是葡萄最适宜生长的地方。因为这样土壤的通透性和保水保肥性最好。当葡萄处于肥力较高的土壤时，它的根系发达，丰收稳定，也容易上色，容易结出优质果子。酿制高档葡萄酒的品种对土壤的质地和结构要求更是严格。葡萄对于土壤的酸碱度的适应幅度也比较大，一般在 pH 值为 5.8 ~ 8.2 都可以生长。不同葡萄品种对于土壤的酸碱度要求也不同，一般欧亚种品种较抗盐碱，而欧美杂交种品种抗盐碱性较差，在碱性的土壤中容易发生叶片黄化的症状。

对于那些不适合葡萄生长的土壤来说必须进行土壤改良才能进行正常的生产。一般改良土壤都是在建园之前进行，并且在建成之后经常进行。不同的土壤有不同的改良方法。对于土壤过分黏重板结，通过施加肥料并且加沙和加土来改善土壤的状况；对于土壤比较贫瘠的、肥料、水不充足的沙荒地，则需要通过大量的施加有机肥料加黏土来改良。对于酸性过大的土壤则是要用有机肥料和石灰中和的方法进行改良。对于盐碱土则要采用条台田方式建园，并且要在固定的时间内灌水进行去盐洗碱，同时施加有机肥，从而达到降低土壤含盐量的目的。只要通过得当的措施，良好的方法，就可以改良土壤，并且在上面种植葡萄，从而达到早产、优质的目的。还有一点就是要注意地下水不能过高，一般在地下 2～3 米即可。如果地下水过高，就会影响葡萄根系的生长，造成植株的生长不良。因此要用挖沟台田方式来提高地面，同时挖明沟或者暗沟来保证排水通畅。

（二）地理位置和交通条件

葡萄的耐贮运性相对来说比较差，因此在葡萄大量结果后，销售和运输就成了葡萄园管理的一项重要的任务，所以鲜食葡萄的发展大多数是在城镇和厂矿的周围，一般情况下，这些地方的道路比较宽，交通方便，便于运输。也可以选择交通比较方便的农村。如果生产地是距离大中城市和城镇消费市场远的地区，在选择品种的时候要选择耐贮运性能好的品种，例如红地球、秋黑。对于酿酒葡萄，则要求葡萄园建立在离酒厂 20～30 千米的范围内，从而可以减少运输中造成的损失，如果产地与酒厂较远，可以选择建立发酵站，经过加工后再运输到酒厂。

二、葡萄园的规划

选好园地之后，要对葡萄园进行细致地规划。

（一）选种与搭配

在选择品种的时候要注意，结果早、产量高、品质好、抗病、易管理的优良品种要优先考虑，还要注意选择的品种一定要适应当地的环境。其次如果园子比较大的时候，要注意早、中、晚品种的搭配，这样的话，可以合理地安排劳动力，避免忙的时候太忙，闲的时候太闲。园子里面不要只种植一个品种，最好多种植几种，这样有利于异花授粉，提高坐果率。最后要选择那些容易贮藏、运输的品种。

（二）整体规划

在整体规划的时候，最好事先画出葡萄园整体规划图，例如防护林、道路、育苗地、仓库、灌水排水设施、作业室等。

（三）行向

行向根据架式的不同而不一样。一般棚架是东西行向最好，枝蔓从南向北比较理想。因为这样的话可以使葡萄架能够很好地接受光照。也可以使架的倾斜面与生长季的主导风向基本垂直，这样可以尽量减少风害。篱架最好是南北行向，这样可以使植株两侧很好地接受光照。

（四）株行距

株行距受到气候、架式和品种的影响。在天气比较寒冷的北方地区，葡萄需要下架抵抗寒冷，采用的一般的方法为棚架，行与行之间的距离小于4米。生长势中庸的品种行距以4～6米最好，生长势特别旺盛的品种如龙眼，行距可稍大些，8～10米。棚架蔓距一般为0.5～0.6米，因此株距为0.5～1.8米。如果使用了抗寒砧木，行距可以适当缩小。在气候较暖和地区或采用抗寒砧木的情况下使用篱架，行距2～3.5米，株距1～2.5米。

第二节 土壤改良与品种选择

一、葡萄园的土壤改良

（一）地面深翻

在早春时节，葡萄的根一般生长比较旺盛，因此需要充足的养分和良好的透气性。北方埋土防寒地区，葡萄在出土的时候，通常会进行一次地面深翻。深翻的定植沟在 20～25 厘米，完成之后，要将地面整平，将土块打碎。深翻的时候要注意避开大根系，离根周围 20 厘米内要尽量少翻，保护根系不受伤害。如果秋天的时候没有施肥，那么在深翻的时候要补施肥料。

（二）中耕除草

除了深翻之外，还有中耕。中耕一般就是防止杂草丛生，疏松土壤的最佳办法，深度一般为 10 厘米。因此每年至少 2～3 次在行间和株间进行中耕。另外在葡萄的生长季节，要保持葡萄园内疏松无杂草，至少进行 2～3 次行、株间除草。如果要使用灭草剂，注意药水不能打在叶片上，新的除草剂要经过试验之后才可以大面积使用。

二、葡萄园的品种选择

(一) 根据品种的适应性选择品种

在选择葡萄种类的时候，要注意品种起源不同，适应性也不同，慎重选择。结合各种品种的优点和局限性，合理地选择品种。

我国目前种植的葡萄品种有20余种，分布在亚热带、温带和寒带。但是我国栽培面积最大的有两种：欧亚种和欧美杂种。

(1) *欧亚种葡萄*　该种葡萄起源于欧洲和亚洲，目前世界上有上千种品种起源于欧亚种葡萄。是目前栽培上最重要、经济价值最高的种类，也是世界上著名的鲜食、酿造和加工需要的品种。之所以受到这么多的应用是因为它的种群生长旺盛、生长期较短、抗寒、抗病。

(2) *欧美杂交种葡萄*　该种葡萄是由北美种群的葡萄与欧亚种群的葡萄杂交培育而成的。它主要结合了两种葡萄的优点。比如欧亚种群葡萄果实品质好、耐热等优点和美洲种葡萄的适应性广、容易栽培、抗病、抗寒等优点。因此很多品种成为我国各地的主栽品种，例如巨峰、藤稔。

(二) 根据当地的生态环境选择品种

根据中国农业大学罗国光教授的分类，河南属于炎热区的黄河故道地区。因为河南的夏季高温，雨水充足，病害严重，并且葡萄成熟的时候昼夜温差比较小，所以适合种植一些较耐湿热的葡萄品种。因此河南省依靠生产上等的葡萄酒、鲜食葡萄和制汁葡萄为主。冬天的时候一般不埋土防寒，因此会有稍微的冻害现象。因此要选择健壮的树枝，使它们可以轻松地过冬。

（三）根据当地的经济和市场选择品种

根据果农和消费者的经济基础和条件的不同，在不同的地区，要选择不同品种的果品。一般在城市的近郊，人们的消费水平比较高，可以选择高档的果品。这就需要品种的外观和内在味道都上佳。随着人们休闲时光的增多，也可以选择一些品质优良、贮藏运输性能一般的品种供人们观赏。对于购买能力比较低、经济不发达，但是气候条件相对比较好的地方，可以选择贮运性能良好的品种，满足远距离的运输。

（四）选用优良品种

根据市场的需要和当地的实际情况选择合适的优良的葡萄品种。特别是那些外观好、口感好、带着香味的、果粒比较大的上等的品种尤其重要。葡萄要绿色栽培，应选择抗病、抗虫、抗冻等生命力顽强的品种。禁止使用转基因技术从事葡萄生产。

第三节 苗木的定植技术

一、葡萄架的建立

作为多年生蔓性植物的一种葡萄，它的枝蔓细长并且柔软，因此必须要在它的周围设立支架。支架能够保证植物保持一定的树形，并且能够让树叶合理的分布，充分的吸收阳光，并且通风，也能方便在园地进行一系列的管理工作。

葡萄的架势一般分为棚架、篱架、柱式架三大类。

（一）棚架

棚架的方法是在立柱上面设立横梁或者拉折铁线。架子的平面和地面平行或者有点倾斜。架子看起来像是一个荫棚，所以叫作棚架。这种架势在我国应用最多，历史也最悠久。根据构造可以分为四种：

1. 大棚架　行距在 6 米以上的棚架叫作大棚架，一般 8～12 米。这种架式的规格通常是架根高 1.5 米，架梢高2～2.4米。如果之间的行距超过了 8 米，那么就要在架的中间加上一排柱子。并且在水泥柱子上面设立横梁，在横梁上每隔 50 厘米拉一道铁线，架面呈倾斜状。

（1）优点　可以充分利用空间，也适合庭院和路旁栽植，由于它们的间距比较大，所以在同样的面积内可以少挖一些定植沟；行距大的时候，也有利于防寒取土。

（2）缺点　由于行距大，枝蔓爬架的时间比较长，因此前期的产量比较低，容易浪费土地，不过可以间作。单株的负载量比较大，对肥水的要求很高，枝蔓更新比较慢，时间长，架面太大，容易造成水分、养分不充足。

2. 小棚架　行距在 6 米以下的棚架，目前生产上应用最广的就是行距为 4～5 米的小棚架，搭架的架高 1.5～1.8 米，架梢高2～2.2 米。第一排柱距离植株为 0.7 米左右，水泥柱间距 4 米，顺着主蔓的伸长架设横梁。在横梁上每隔 50 厘米拉一道铁线。

由于行距缩小，架子比较小，成形也比较快，有利于早期的丰产。但是枝蔓短，上下架比较方便，2～3 年就可补充空位；树势生长的也均匀，架面好控制，所以产量高、稳。

3. 棚篱架 棚篱架实际上就是小棚架的一种变型。它的不同点就是在靠近架根处的棚面稍微有提高，并且能够相应地增加一定的篱架架面。所以它叫作棚篱架。这样能够更好地、更加充分地利用空间，从而到达立体的结果。此外，棚架面加高之后，在架子的下面进行各种操作都很方便，但是因为棚架造成的树阴，往往使篱架部分不能轻易地获得足够的光照，这样使植株下部很难获得稳定的产量和质量。

4. 水平连棚架 如果葡萄的面积比较大，然后所有的棚架都连成一片，架面水平，就把它称为水平棚架。一般架高 2～2.2 米，每架设两排柱，每排柱间距 3 米，顺行向柱间距 4 米。四周用双股 8 号线，中间用单股。架面上每 50 厘米拉一道铁线。

水平棚架的优势是架面高 2 米，方便机械和人工的操作。棚架的寿命比较长，不容易被损坏，通风效果比较好，能够减少病虫的侵害。在寒冷的地方有益于御寒取土。立面倾斜、棚架水平，树势比较缓和，有助于丰收。

（二）篱架

篱架，又称立架，主要是指架面和地面垂直，沿着行向每隔一段距离就设立支柱，形状像是篱笆，因此得名。它是国内外目前应用最广的一种架式，可以分成三种类型。

1. 单臂篱架 就是在每一个行间设立一个架面并且与地面垂直。架子的高度根据行距进行设立。行距 3 米以上时，架高 2～2.2 米；行距 2 米时，架高 1.5～1.8 米；行距 1.5 米时，架高 1.2～1.5 米。

设立单臂篱架的方法很简单，就是沿着行向的方向，每隔 4～6 米设立一根柱子，边柱则用坠石固定。埋入地面的深度为 50～60 厘米，然后再在立柱上面设立横拉铁线，第一道铁线离地面高度为 60

厘米，往上每隔50厘米就拉一道铁线。然后把枝蔓固定在铁线上。

单臂篱架的优势是可以通风顺畅，光照充足，葡萄很容易上色，能够提高浆果的品质。适合密植，有利于早期生产，并且适合田间操作，有利于机械的作业。

2. 宽顶篱架　宽顶篱架是在单篱架支柱的基础上做成的。首先在顶部上面加上横梁，成T形，再在横梁上各端都拉上一道铁线，横梁宽60～100厘米。这种架式适合于生长比较强势的品种，双臂水平龙干形适合该架式。龙干的双臂分布在离地面约为1.3米高篱架铁线上，在它上面结果的母枝上面长出的新梢，可以缠缚在横梁上面平行的两道铁线上，然后任它自由地生长。

宽顶篱架的高矮和宽窄，会随着品种的不同和生长的趋势的变化而变化，它是一种丰产优质的架式，在美国流行。

3. 双臂篱架　它的特点是在同一行内可以设立两排单篱架，葡萄种在中间，枝蔓则分别引在两边的篱架的铁线上。这种篱架高1.5米左右，在顺行的方向每隔4米左右，在植株的40厘米左右处两侧立水泥柱，架柱向外倾斜与地面成75°，上面宽，下面窄，拉线的方法如同单臂篱架。

双臂篱架的优点是可以有效地利用空间，比单臂篱架增加了一倍的架面，增加了结果的面积，有利于产量的调高。它的缺点就是通风透光的条件比不上单臂篱架，如果控制得不是太好，容易引起浆果品质下降，田间管理也没有单臂篱架方便，不利于机械作业，并且架材的用量增加，增大了成本。

（三）柱式架

柱式架是最简单的架式，就是在葡萄的旁边立一根短木或者是竹竿，支架与树形的高度相似，然后头状整枝，短梢修剪。一般来说，干高0.6～1.2米，主干的顶端着生枝组和结果母枝，让新梢自由地生长，不加束缚，等到主干粗壮到可以支撑整个身体全部重量的时候，就可以去掉临时性支架，然后进行没有架式培植。柱式架是古老的欧洲葡萄产区曾经广泛使用的，现在依然保留，但是这种架式产量低、成熟晚，目前已经逐渐被淘汰，使用方法也简单，不适合下架防寒地区，在国内的应用很少。

二、苗木的准备

判断越冬的苗木是不是好苗，主要看的是它的根系有没有发霉，如果发霉了，根系用手一撸皮就会脱落下来，皮层不发皱，如果被风干之后，它的皮层就会收缩发皱，用刀削芽眼和苗茎后，断面鲜艳。合格的葡萄苗木一般都要有 6 条以上直径 2～3 毫米的侧根和较多须根，苗茎的直径也要有 6 毫米以上而且要全部木质化的，同时有 3 个以上饱满的芽眼；整个植株要求没有病害也没有风干，色彩鲜艳等。嫁接苗的砧木则要符合要求，同时嫁接口完全愈合没有裂痕。

苗木在栽种前要进行必要的处理。首先要进行适当的整理，剪去枯枝和过长的根系，根系留下 10～15 厘米；其次就要把苗木放进 1200 倍多菌灵药液中浸泡 6～10 小时杀菌，同时也使根部充分吸收水分，最后栽种。为提高苗木的成活率，那么可以把苗木放到室外荫棚内埋根部对它进行催根和催芽，并且分期分批选择已经发生萌动的芽眼、根部已经长出愈伤组织和幼小根茎的苗木，最后将芽眼不萌发和萌发无望的苗木剔除。

三、苗木的定植

（一）定植时期

种植的时间一般是春季，时间为萌芽前，大约为 3 月下旬至 4 月上旬。长江以南的地区则可以在秋季的时候种苗，最佳时节为 11～12 月。

（二）定植前的准备

①用机械把定植沟挖成深 80 厘米，宽 1 米的沟，然后往沟里放置已经腐熟的有机肥。这时可以把 2 个定植沟里面的土放在一个行间，这样可以减少施肥用工量和减少投资。

②在施撒肥料的时候，每亩施腐熟有机肥 3～4 立方米，与回填土拌均匀，大概粪土的厚度为 40 厘米。

③肥料上完之后填土，土要比地面高出 5～10 厘米，然后用大水灌溉。

④封土打埂定植沟浇水洇实后，用行间里面的土，把定植沟封平，然后再打两道梗，大约宽为 15 米，这样方便浇水。

（三）定植方法

（1）根系修剪　剪去那些枯桩、过长的根系和已经劈裂的根系，留下 5～10 厘米。

（2）浸泡与消毒　首先用清水浸泡根系一整天，使根系能够充分的吸收水分，然后再用 5 波美度石硫合剂蘸根，晒干以后再种植。

（3）定植　定植的时候要挖定植穴，然后将苗木根系向四周散开。然后覆盖上土，再踩实，使根系和土壤紧密地结合在一起，然后嫁接苗至嫁接口下部1厘米处，扦插苗以根颈部与栽植沟面平齐为宜，以防芽眼抽干。

（4）浇水　苗木定植后立刻浇一次透水。

（5）覆膜　浇水后过一周，再进行第二次浇水，然后定植行铺地膜，这样可以增温保墒，提高苗木的成活率。

四、定植后的管理

葡萄在定植后，如果没有得到有效管理，那么就容易使幼苗长势变弱，容易发生虫害，严重的时候甚至导致幼苗的死亡，因此葡萄定植后的管理十分重要。

一般情况下，幼苗在顶芽出土之前不需要管理，但是干旱地区除外，如果发现土壤干旱，一定要及时用水灌溉。发现葡萄芽萌动的时候，就要小心地扒开土堆，将苗木枝蔓和幼芽露出来，与此同时，给枝蔓套袋子，这样可以很好地促进芽眼的生长。当嫩芽长到3~5厘米，在阴天或者是通风的情况下去掉塑料袋。等到新梢长到20厘米左右的时候，就要将粗壮的枝条绑到立竿上，这样可以防止它被风吹断。另外剪掉多余的枝条，使营养加速供应，促进枝蔓的形成。在生长的过程中要注意及时施肥、灌水、中耕以及除草，同时预防病害虫的发生。

第四节 葡萄园的土肥水管理

一、土壤管理

土壤管理的主要目的是使土壤保持良好的状态，从而保证根系的良好发展，能够增加土壤里面的有机质含量，提高土壤的肥力以及能够去除杂草，从而达到增收、减灾和节支的目的。

(一) 清耕法

清耕法又叫作耕后休闲法。就是在果园里面全年都进行除草松土，使土壤保持没有杂草并且疏松的状态，但是不种植任何的作物，因此叫作清耕法。

具体的做法是让幼龄的葡萄树树盘休闲，让成龄的葡萄园全部休闲。在一年内多次除草，保证土壤的疏松状态。这种管理方法，有利于控制杂草的生长，减少对土壤中水分和养分的消耗，同时使地面保持通风，增加空气中的二氧化碳。春季的时候松土，地温增长得比较快，切断毛管之后有利于土壤水分的存储。夏季松土可以避免雨水使表层土结板，有利于通气。常年中耕除草的话，不仅能够透气好，而且能够加快有机质的分解，有效养分比较多。清耕休闲的不足就是，对于土壤表层结构的破坏比较重，因为它的透气性可以使土壤的有机质和腐殖质矿化加强。并且长期使用清耕法的话，可以使土壤有机质迅速减少，如果补充跟不上的话，最后会导致土壤结构变坏，肥力下降。早春的时候，在葡萄萌芽之前，根系开始活动。要结合催芽肥，视情况及时对全园进行浅翻垦，深度一般15~20厘米，也可以采用施入肥料沟的方式从而达到疏松土壤的目的。这次的翻垦有利于土温的提高、根系的发展和吸收。

（二）地膜覆盖

在园地里面用地膜覆盖，可以减少地面的蒸发，防止水土流失，同时稳定土温、湿度，但是它容易造成葡萄的根系上浮。在北方地区，葡萄的根系要加强防寒。南方干旱的地区则要加强灌水，这样可以防止因土壤干裂造成表层断根。地膜主要有以下几个作用：

（1）提高早春地温　白天阳光透过地膜透射进来，使地温升高，地膜能够有效阻止地面热量向膜外散射，这样地温下降的速度较没有地膜的地表慢，从而使地温上升。地温较高时，能够促进根系提前生长，植株提前萌芽，从而使果实提前成熟，抢占市场先机。据试验显示，地膜覆盖栽培的植株比常规栽培的早成熟大约5天。

（2）防止土壤水分蒸发　覆盖上地膜的土壤水分蒸发以后遇到膜面变冷之后变成小水珠又还给土壤，从而使地膜覆盖能够较长时间地保持土壤湿度，从而使土壤中的水分保证相对的稳定，是一种行之有效的保持土壤水分的方法。

（3）减少病虫害的发生　例如白腐病和霜霉病等的病菌可以在土壤里面过冬，但是由于地膜的阻隔，土壤里面的病菌不能随着雨水飞溅到植物上去，因此抑制了病害的发生。利用银灰色膜可以驱避蚜虫，这样可以减少蚜虫以及病毒病的传播。

（4）改善土壤团粒结构　促进土壤中养分的分解和有机质的矿化，进而提高土壤的肥力。覆膜后，因为土壤的增温保湿，微生物活跃，从而加快了有机质的分解，从而使土壤中的养料比不覆膜时显著增加，特别是土壤中的硝态氮同比增长43%~89%。

(5) 避免杂草丛生　覆膜之后，可以抵制杂草的生长，节约劳动力。

(6) 提高产量和果实品质　葡萄通过地膜覆盖，可以使产量提高10%左右。如果有条件的话，可以选择银色反光膜，促进果实着色，提高果实品质。

(三) 生草栽培

在葡萄园的行间进行人工种草或者自然生草。这是在国外比较流行和采用的管理方法。它的优点就是生草之后，土壤不用耕作，还可以保护地表的土不被水冲刷，防止水土流失，改善了土壤的理化性状，增加了土壤有机质，促进土壤团粒结构的形成。另外，生草还可以调节地面温度。

生草的种植可以全园进行，也可以在行间进行。常用的生草草种主要有紫云英、毛叶苕、三叶草、野燕麦、绿豆等。葡萄园中如果采用了生草法之后，一定要注意及时施肥和浇水。因为草强大的根系能够截留住水分和肥料，这样容易使葡萄树的根系上浮，从而容易跟生草出现争水、争肥的问题。另外需要注意的是要结合草的生长情况进行刈割4～5次。

(四) 合理间作

一般葡萄园的管理方法采用清耕法比较多，即每年在葡萄园内进行多次除草。这样做的好处是能够很好除去杂草，加快土壤的通透性，加快矿物质的分解和利用，有效地减少虫害的危害。但是，如果长期采用清耕法的话，会破坏土壤的团粒结构，恶化土壤的理化性质，不利于土壤的矿物质积累和肥力的培养。还有就是在山地和丘陵地带，清耕法容易产生水土流失和风蚀。因此，应该将清耕法和种植行间作物、地面覆盖、种植绿肥等方法结合起来一起进行。

因为幼龄的葡萄园的覆盖率低，所以可以在行间种植根浅、低矮的作物。成龄后的葡萄园可以种绿肥作物，也可以种植一些耐阴的药材、食用菌等。这样可以有效地提高土地的利用率，增加物质生产和经济效益。

选择种植其他作物的时候要选择矮小并且不遮葡萄光的作物，并且它的生育期要短。充分利用好时间差，不能和葡萄产生剧烈的水分和养分竞争。另外不能跟葡萄有共同的病虫害，喷药的时候也不能相互伤害，要有较高的经济价值。

一般间作物可以选择灌木、果树苗、中药材类、食用菌等，也可以选择瓜类、草莓、茄子、田菁、绿豆、豆类、薯类、花生等，间作物和葡萄定植点相距应为 0.5 米。注意如果在葡萄开花或者是浆果着色的时候，间作物都尽量不要灌水，以免影响到葡萄的坐果和着色。

(五) 免耕法

主要是指对土壤不进行耕作，主要是利用除草剂来消灭杂草。土壤免耕之后，地面上就会形成一层硬壳。在干旱的情况下能够形成龟裂块，在湿润的时候能够长出一层青苔。但是它的表层并不向深层发展，所以免耕法可以维持土壤的自然结构。当植物的根系进入土壤表层的时候，同时土壤微生物也在活动，这样可以逐步地改善土壤的结构。土壤的容重增加，非毛细管孔隙减少，土壤中就会形成连续持久的空孔隙网。所以土壤的透气性得到改善，水分渗透也会随之有所改变。这种方法的优点就是高效快捷、节约劳动力、降低成本。但是它的缺点就是除草剂污染土壤，并且肥料不容易补充。化学除草的方法有很多种，有的可以喷在茎叶上，有的可以喷到土壤上。不同的除草剂有不同的效果，所以在选择除草剂的时候也要慎重。

（六）地面覆盖杂草

秋耕或春耕之后，在树行下或者是稍远的地方用杂草或者是秸秆覆盖在地面上，这样可以保持水土流失、抑制杂草丛生，同时覆盖物分解腐烂后成为有机肥料，从而改良土壤。地面覆草主要有六个优点：

（1）地面生态环境稳定　可以将土壤表层的水、肥、生物、气、热等五大肥力因素从不稳定的土层变成生态最稳定层，这样可以增加根系集中分布的范围。这种优势对于底土为黏土、岩石或者地下水位过高的果园来说尤其重要。

（2）提高土壤含水量　覆草后，地面蒸发受到了抑制，这样土壤的水分保持得比较多，同时覆盖草之后土壤的团粒结构也不断改进和提高，这样对水也起到了间接的保护作用。不仅使土壤的含水量增多，而且使水分的分布保持了稳定。

（3）促成土壤团粒结构　覆草后，因为草的腐烂分解，有机质能够不断增加，微生物的活动频繁，腐殖质积累增加，这样有助于团粒结构的形成。这样可以对土壤的表层结构起到保护的作用。

（4）土壤温度稳定适宜　根据试验表明，覆盖上草的土壤夏季温度不会太高，冬天的温度不会太低，温差变化比较小，因此整个土壤表层都处于根系生长的适宜温度内。

（5）增加土壤养分　由于地面上覆盖了草，草的分解为土壤提供了有机质和腐殖质，并且促进了微生物的活动，使土壤中的营养成分明显增加。

（6）防止泛盐　地面覆草使地面蒸发受到抑制，下层可溶性盐向土表上升、凝聚减少。所以在干旱的季节，根系分布层中的盐分减少，使盐害减轻。同时，在山地果园里面还可以防止水土流失，对杂草起到抑制的作用。

拥有优点的同时，覆草也有它的不足之处，比如它可以使根系的分布变得相对集中在上层，这样根系容易受到冻害和寒害。因此，在采用此方法时一定要注意通过深翻的措施加以调整。

（七）葡萄园的化学除草

葡萄园里面的杂草种类繁多，有上百种之多。其中，以牛筋草、蟋蟀草、羊草、獐茅、稗草、马唐等为主的禾本科植物的单子叶杂草为最，约占总数的50%；以蓼、蒿、苋、蓟为主的双子叶杂草也不在少数。另外还有分布广、生长茂盛的恶性杂草20多种。它们的生态群落可以分为海滩沙荒地型、平原型、丘陵坡地型、河流故道沙荒地型等。

葡萄属于双子叶植物，它的叶片对于苯氧乙酸类除草剂（即激素型除草剂）如2，4-D特别敏感。经过试验表明，在距离葡萄园200米的地方使用除草剂，因为除草剂微粒在空中漂移或者弥散，葡萄的茎、叶、新芽上面都会出现不同程度的伤害，其中最明显的就是幼芽会扭曲、颜色变浓，并且向外翻形成拳头的形状或者是扇子的形状，在成长的过程中会慢慢地枯萎死去。

因此，目前可以用于葡萄园里面的除草剂种类很少。在实际操作中，葡萄园里面的化学除草剂主要用于苗圃除草和定植沟内除草，大多数用于生长初期实施。目前，花生、棉花、豆科作物经常使用的甲草胺、精禾草克、拿扑净等，可以在葡萄园内安全使用，其他的则不能。除草剂的使用方法和性能主要如下：

（1）甲草胺　又叫拉索，属于葡萄园选择性苗前除草剂，水溶性比较差，但是能溶解于多种有机溶剂，不大容易挥发和光解，没有残留，所以不会影响下茬。主要是通过植物的芽鞘吸收到了植物体内，能够抑制植物体内蛋白酶的活性，影响蛋白质的合成从而杀死杂草。植物受害之后的表现是根的生长受到抑制，次生根明显减少，地上面的部分也停止生长，心叶开始扭曲卷动，导致脆弱不能正常生长而死亡。可以防除马唐、画眉草、鸭舌草、藜、稗草、狗尾草、马齿苋等杂草。对金属没有腐蚀作用，但是容易对人和牲畜产生成低毒。人在接触的时候，皮肤上会产生刺痒的感觉，会有轻微的红肿。

使用的方法是首先把园地耕平，保证表土细平湿润，这样可以减少用药量。然后在杂草种子萌发前，把药喷在土壤的表面，使药液在土的表面形成一层药膜。杂草种子在发芽的时候，接触到药剂就会死亡。喷药后尽量不要破坏土表药膜。经过 15 天之后，再次喷洒药物，效果更佳。最后在经过处理的葡萄园中定植生根的葡萄苗，可以达到除草的目的。每亩使用43%乳油 0.5 千克，加水 50～75 千克，充分搅拌融合后喷于土表。也可以把甲草胺喷洒在葡萄园的定植行内，定植以后，用地膜覆盖，这样也可以达到杀草、保墒、提高苗木成活率、促进生长发育的目的。这种方法主要应用于地膜覆盖扦插培育葡萄苗，在细致平整的垄背上，先喷上水，然后喷上甲草胺药液，再覆盖上地膜，然后扦插葡萄枝条，就可以不再生禾本科杂草。

（2）精禾草克　又叫精喹禾灵，剂型为 5% 乳油。为选择性除草剂，有 95% 以上高效杀除作用，不会对葡萄造成伤害。主要对茎叶起作用，主要是进入植物体内，抑制杂草体内细胞脂肪酸的合成，最后导致杂草腐烂而死。可以杀死育苗床上或营养钵中营养土混带的禾本科杂草，例如狗尾草、稗草、白茅、马唐、牛筋草、千金子等。使用浓度为 800～1000 倍，用背肩式喷雾器喷洒就可以了。一般使用 5～7 天，杂草就会变成褐色或者紫红色。

（3）烯禾啶　又叫拿捕净，剂型为 12.5% 或 20% 乳油。是选择性除草剂，除杂草的原理以及使用方法同精禾草克，主要去除禾本科杂草，对葡萄没有伤害。主要对茎部进行处理，浓度为 800～1000

倍。施药 5~7 天后杂草的幼叶变成紫红色甚至腐烂死亡。经过试验表明，用 400~500 倍液可以杀死育苗棚内尺余高的芦苇。

（4）高效氟吡甲禾灵　又叫高效盖草能，剂型为 10.8% 乳油。主要去除禾本科杂草，常被应用于花生、大豆、棉花的除草剂，对葡萄安全。主要是在春天时候使用，但是效果没有精禾草克和拿捕净好。常见的浓度为 800~1000 倍。

（5）地乐胺　又叫双丁乐胺，剂型为 48% 粉剂，是苯胺类除草剂的一种。使用的方式是将地乐胺 0.5 千克加水 2.5~5 千克，充分和细沙 20~30 千克拌匀，再把拌和好的毒土撒在定植沟内，然后加地膜，这样的效果更好。可以除掉苗期的杂草。常用于地膜花生、土豆、水稻旱种及果树苗圃。

葡萄园内使用化学药剂，一定要谨慎，操作的时候也要细致，不能盲目使用。对于除草剂的选择也要特别注意。激素型和触杀型除草剂不能使用，例如除草醚、百草枯、乙草胺、砷酸钠、五氯酚钠、2，4-D 等。要选择对双子叶植物安全的内吸传导型除草剂，例如甲草胺、地乐胺。在使用的时候操作仔细，保持地面药膜，还要保持地面的湿度，从而增加除草的效果。一般要先进行试验，然后再使用，这样可以避免损失。

（八）土壤深翻

土壤深翻是土壤管理的重要内容。当葡萄园地选择在贫瘠的山坡、沙荒地或黏重的地段，在建园的时候及时对定植沟内的土壤进行深翻改良，但是定植沟以外的大部分土壤都没有成熟，所以葡萄根系生长幅度局限在定植沟的范围之内。为了创造一个适合葡萄根系生长的土壤环境，需要在葡萄定植后的最初几年，对定植沟以外的生土层进行深翻熟化。

（1）土壤深翻的作用　葡萄是喜肥喜水作物，根系比较发达，如果深翻的话能够起到以下作用：

①改善土壤的水、热、气等状况，深翻的时候追施肥料，不仅能够疏松土壤，而且能够改善板结的现象，对上、中、下三层土壤都能起到作用。另外深翻压绿还能够增加土壤的孔隙度，降低容重，增加有机质，保证土壤保肥保水的能力，这样可以成为葡萄的养料库，为葡萄的丰产打下基础。

②通过深翻，可以使根系显著增加，使根深深地扎进土里，扩大了根系的吸收范围，促进根系生长。

③有利于树枝的增长和产量的提高。事实表明，通过深翻，无论是树梢的生长量还是叶幕层的体积或者是单株的产量，都有明显提高。

（2）深翻范围　一般是在定植后的开始几年，先与深施肥结合起来，然后逐渐扩大深翻的范围，最后达到全园的深翻，深翻的深度要深，一般深翻 50～60 厘米。棚架如果行距大，可以适当的深翻，如果行距小，也可以适当浅耕。在翻地的时候要注意，新沟和旧沟不要重叠，也不要距离太远，这样容易影响根系的生长。

（3）深翻时间　不同地区因为不同气候、不同品种深翻的时间也不一样。北方地区的冬天比较寒冷，春季干旱，如果是在冬天，或者春天进行深翻土地的话，没有来得及回填土地，容易使土壤的根系受冻或因为土壤的干旱影响葡萄的生长发育。秋天的时候，地上部的枝芽等器官生长比较缓慢，体内的营养物质正在贮藏，对肥水的要求比较大，雨水比较多，温度也比较高，种种条件有利于根系的愈合。同时结合有机肥也可以补充树体一年的生长结果对营养物质的消耗，有利于枝条的成熟和花芽分化。因此，以秋季葡萄采收后结合秋季的基肥对土壤进行深翻是最恰当的时间。但是，南方地区气温比较温暖，降雨量也比较多，秋、冬、春三季都可以进行深耕改土。

（4）深翻方式　根据地形和土壤等实际情况选择适合的方式。

①深翻扩穴，葡萄幼树定植后几年，然后再向外深翻扩大栽植，直到全部的树都翻遍为止，这是适合劳动力比较少的葡萄园。这种方法每次深翻的范围小，需要3～4次才可以全部深翻，最好每次深翻的时候配上有机肥料。

②隔行深翻，即翻一行隔一行。山地和平地的葡萄园因为它们种植的方式不一样，所以深翻的方式也不一样。在等高撩壕的坡地葡萄园和里高外低的梯田葡萄园，第一次先在下半行进行比较浅的深翻施肥。第二次的时候就在上半行深翻把土压在下半行上，再追施有机肥。深翻要和整理梯田有机结合。平地葡萄园则要实行隔行深翻，需要分两次进行，每次只伤一侧的根系。对葡萄生育的影响比较小，行间深翻有利于机械化操作。

③全园深翻，把栽植穴以外的土壤一次性全部深翻完毕，这样做需要很多劳力，但是有利于果园的耕作。

采取上述哪种深翻方式，根据葡萄园的具体情况灵活应用。一般来说，小树的根系小，一次深翻不会伤根太大，不会影响整体的树体。但是成年的树根系已经遍布全园，最好采取隔行深翻。山地葡萄的话则根据坡度以及面积的大小而定，便于操作。

（5）深翻方法　在山上石头多、平川土壤黏性重的葡萄园里深翻，应该考虑用客土法，把优质的沙壤土或者是园田土拌上有机质、有机肥等填充到深沟里面，使土壤彻底更新。其他的葡萄园则可以根据建园的时候改良土壤的方法进行。

（6）深翻注意事项

①深翻扩穴的时候，一定要注意跟原来的定植穴打通，要打破“花盆”式透水难的穴。采用隔行深翻的时候也要注意采取定植穴与沟沟相通。

对于撩壕栽植的葡萄园，应该隔行深翻，并且要先于株间挖沟，这样使穴沟和原来栽植沟相互沟通，并且能够与坎下排水沟相通，这样可以避免原栽植沟内涝问题，尤其适用于黏重土果园，既可以达到深翻改土，也可以达到排涝的目的。

②深翻的时候一定要和有机肥结合。深翻时，将地表成熟土和下层的生土分开堆放，在回填的时候要加入大量的有机物和有机肥料。生土和碎秸秆、树叶等粗有机物质分层填入底层，并且适量的加入石灰、熟土、有机肥、磷肥等，混合均匀之后全部堆积在根系的中层。每翻1立方米土加施20~40千克有机肥。

③深翻的深度主要是根据土壤的质地决定的。地下水位较高的土壤要浅挖，避免与地下水连接造成伤害。黏重土壤应该深挖，并且在回填的时候要增加沙土，山地果园深层为沙砾时也要深挖，这样可以挑捡出更大的砾石。

④深翻的时候要尽量的避免伤到根，其中以不伤骨干根为原则。如果遇到大根，首先要挖出根下面的土，将根露在外面，然后再用湿土覆盖。如果伤了根，根系露在外面的时间不宜过长，这样可以避免干旱或者阳光直射，造成根系干枯。

⑤深翻之后，立即使土壤和根系接合，以免引起旱害。

二、肥料管理

葡萄为多年生植物，每年都需要从土壤里吸收营养元素。这就需要及时利用肥料来恢复和提高土壤的营养力，保证葡萄能够及时、充分地获得营养，提高产量和品质。

（一）肥料种类及作用

葡萄在生长的过程中需要的营养物质很多，但是最重要的则是氮、磷、钾、镁、锌、铁、硼。因此要及时地对这些营养物质进行补给。

（1）氮　葡萄在生长和结果的过程中，对氮的反应最为敏感。缺少氮肥的时候，葡萄的叶片颜色浅，叶子单薄而且小，新梢生长虚弱而且纤细、节间短，落花落果严重，花芽、花序分化不良，产量下降。当氮肥比较多的时候，则可能会引起枝条、枝叶过大，坐果率较低，成熟期延迟，着色不好，花芽分化不好，容易遭受病虫，枝条的芽眼成熟不充实，冬季容易受到冻害。葡萄从生长开始就需要吸收氮肥，从叶子伸展到开花期对氮肥的需要量最大，以后需要逐渐减少。因此在施加氮肥的时候要遵循生长期的规律，这样可以为葡萄的生长打下坚实的基础。

（2）磷　磷的作用是能够促进浆果的成熟和花芽的分化。在葡萄的一年之中，它一直在不停地吸收磷，不过在新梢旺盛生长和浆果成熟的时候吸收最多。

（3）钾　钾可以促进果实成熟，提高含糖量，促进花芽的分化和枝条的成熟，同时能够提高树体的抗性。葡萄在生长初期的时候，对钾肥的需求量较少，但是在生长后期吸收和需求量则增大。

（4）镁　葡萄缺少镁的时候，新梢的顶端就会出现水浸状，叶脉间也会出现黄化，不过叶脉依旧是绿色，叶片变小，严重的时候新梢中下部就会脱落。治疗缺镁的时候要把握好时机，一般是从6月开始，然后每隔10~15天喷一次2%的硫酸镁，根据发病程度连续喷3~4次即可治愈。

（5）锌　葡萄缺锌的时候，新梢的节间变短，叶片也比较少，叶脉间也出现叶肉黄化，严重的时候形成干枯脱落，果穗上形成大量的无核小果。缺锌的时候，叶片的顶端反应最敏感。梢尖锌含量为3~11毫克/千克时即引起严重缺锌，含量为16~20毫克/千克时为轻度缺锌，含量在20毫克/千克以上时则植株正常发育。

（6）铁　葡萄在缺铁的时候容易出现黄化的症状，叶片变黄，叶脉是绿色。严重的时候整个新梢都会变成黄色或者是黄绿色。一般的葡萄园不会出现缺铁的症状，但是过酸、过碱的土壤上则会出现这种症状。

（7）硼　葡萄缺硼的时候会引起落花落果，降低坐果率，叶边缘也会变黄，节间变短，在一些土壤比较贫瘠的地方容易出现缺硼的症状，出现这种症状的时候就要注意补充硼肥。

（二）施肥时期及方法

（1）基肥　基肥主要是以秋季施肥为主，最好是在秋季葡萄采收之后开始施加基肥，也可以在春季葡萄出土上架之前进行。基肥的主要成分是有机肥，并且有机肥的作用时间比较长，肥料的效果缓慢而且稳定。

施用方法：一是在地面撒施的时候，首先在地面表土上面挖出一层10～15厘米，然后把肥料均匀地撒在地面，然后再深翻20～25厘米厚的一层，这样可以把肥料翻进土壤里面，最后用表土回填，也可以把腐熟的优质有机肥撒在地面上，深翻20～25厘米。二是每年在栽植沟两侧轮流开沟施肥，并且每年施肥沟都要逐渐外扩。一般在距离植物基部50～100厘米的地方，挖宽、深各40厘米左右的施肥沟，每株50千克、每亩5000千克以上的施肥量，将肥料均匀地撒在沟里，然后用土拌好，然后再填余土，并且施加肥料灌水。施肥的范围主要是根部，但是不能损失大根。

（2）追肥　葡萄园中仅仅依靠基肥远远不能满足生长和结果的需要，因此要在适当的时候进行追肥。一般追肥用的肥料都是速效性肥料，比如人粪尿、硫酸铵、尿素、磷酸二铵、碳酸氢铵等。葡萄在追肥的前期主要以氮肥为主，施肥的时候应该浅一些，在施加氮肥的时候可以在两株葡萄间开挖一个比较浅的沟施加肥料，覆上土之后立刻灌水，也可以在快要下雨的时候，把氮肥撒在地面上，氮肥遇到水之后就会溶解到土壤里面。中后期的时候就要以磷、钾肥为主，因为磷肥的移动性相对比较差，所以在施肥的时候要挖开一条深沟，然后施加。另外在葡萄园里可以施加人粪或者鸡粪，这样肥料随着流水可以均匀地撒在地面上，利用率也比较高，同时也可以起到改良土壤的作用。除了给土壤追肥外，尿素、磷酸二氢钾等常用浓度为0.3% ~0.5%对叶面进行追肥。

三、灌水与排涝

(一) 灌水

葡萄在成长的过程中需要充分灌溉。如果葡萄生长时水量缺失，葡萄的各个组织和器官的发育就会受到阻碍，进而影响光合作用，最终影响葡萄的产量和品质。因此在土壤缺少水分的时机适当补充水分，能够促进葡萄的生长，提高葡萄的质量和产量。即使葡萄的抗旱能力强，也不能使其缺少水分，在年降水量低于400毫米的地区或者是雨量较少的干旱季节，也要充分地进行灌溉。

葡萄的灌水期是根据葡萄的物候期、降雨量和土壤的含水量等确定的，并不是根据葡萄的外在形态显示缺水的状态。一般当田间持水量低于60%时，就预示着葡萄现在水分亏欠。但是否需要加水，还要看此时葡萄的物候期和天气情况。如果是在葡萄生长的前期，那么此时的水分要充足，应该及时补充水分，保证葡萄的顺利结果；如果已经到了生长的后期，那么需要控制水分，这样能够保证葡萄停止生长，从而使它进入休眠时期，做好越冬的准备。

1. 灌水量　葡萄的灌溉量主要是根据土壤的结构和性质决定的。一般而言，适宜的灌溉量是使葡萄根系附近的土壤湿度达到植物成长发育的程度，而不是多次的滋润表土层。因为这样既不能满足根系对水分的要求，又容易使土壤产生板结和降低温度。一般成龄的葡萄根系集中分布在离地表20～60厘米的地方，因此在灌水的时候要浸润60～80厘米的土壤。并要求灌溉后土壤田间持水量达到65%～85%。一般盐碱地灌水，灌溉的时候要注意地下水位的深度，避免灌水和地下水相连，防止返盐。沙地灌溉的时候要注意保证它的肥料和水分，因此要多次灌水，避免营养流失。春季浇灌的时候，水量要适量，根系湿透即可，灌溉的次数要少，避免地温降低。夏季浇灌的时候要注意天气预报，避免灌溉完之后遇上大雨，浪费人力、物力，得不偿失。

2. 灌水方法

①沟灌或畦灌。这是葡萄园传统的灌水方法，在葡萄园行间开灌溉沟，沟深、宽各25～30厘米，或利用葡萄栽植畦，进行沟灌或畦灌。优点是省工，水直接渗入根群土层，当前仍为不少地方的主要灌溉方法。但该方法浪费水分，易造成土壤板结，需加以改进。

②喷灌。是把灌溉水喷到空中，成为细小水滴再落到地面，像降雨一样的灌水方法。喷灌起源于20世纪30年代，50年代以后迅速发展起来，发达国家在农业生产上越来越多应用喷灌。喷灌比传统的地面灌溉有许多优点，但因受果树树冠高大和株行距的限制，喷灌在中国果园应用很少。

③滴灌。是利用其灌溉系统设备，把灌溉水或溶于水中的化肥溶液加压（或地形自然落差）、过滤，通过各级管道输送到果园，再通过滴头将水以水滴的形式不断地湿润果树根系主要分布区的土壤，使其经常保持在适宜果树生长的最佳含水状态。完整的果树滴灌系统由水源工程和滴灌系统组成。水源工程包括小水库、池塘、抽水站、蓄水池等。滴灌系统是指把灌溉水从水源输送到果树根部的全部设备，如抽水装置、化肥注入器、过滤器、流量调节阀、调压阀、

水表、滴头及管道系统等。

④渗灌。渗灌工程主要有蓄水池、阀门和渗水管。根据灌溉面积的大小，管道可分设干、支、毛管3级。5~10亩的葡萄园，需修建一个半径1.5米、高2米、容水量13吨左右的圆形蓄水池和一级渗水管。塑料渗水管长100米，直径2厘米。每隔40厘米在渗水管的左、右两侧及上方各打1个（共3个）针头大的渗水眼孔。每个渗水管上安装过滤网，以防堵塞管道。行距2~3米的葡萄园，每行中间铺设1条渗水管，埋深40厘米。

渗灌的优点主要有三个方面：一是省水。采用渗灌，每次每亩用水15立方米，全年节约水量近70%。二是投资少。可供5.7亩果园渗灌的建设费用，当年从节约用水和减少用工支出中即可收回。三是提高果实产量和品质，增加经济收益。

管道系统由干管、支管和毛管（规格见表4-1）组成。干管、支管的布置要根据葡萄园的地形、地势以及水源的分布情况。在丘陵地带，干管应该在位置较高的地方沿着等高线铺设，支管则应沿着等高线的方向向着毛管送水。而在平地葡萄园，干管就要铺设在园地的中部，干管和支管则是用来连接下一级管道的。毛管就是顺着树干的方向铺设，长度为80~120米。

表4-1　管道规格

名称	干管	支管	毛管
直径规格	65毫米、80毫米、100毫米	20毫米、25毫米、32毫米、40毫米、50毫米	10毫米、12毫米、15毫米

滴头是滴灌系统的关键，内径有0.95毫米、1.2毫米和1.5毫米三种。安装微管接头时，首先在毛管上面打一个孔，然后将微管

的一端放入孔中，再环着毛管绕结后埋在地下约20厘米处。滴头安装的地方是葡萄主干周围，滴头的数量根据株距确定。

3. 灌水时期　葡萄园一般灌水的时期分为葡萄生长的萌芽期、花期前后、浆果膨大期和采收后四个时期，灌水5～7次（表4-2）。葡萄园的灌溉次数也根据当年的降雨量的多少而增减。

表4-2　葡萄园灌水时期及其作用

灌水时期	萌芽期	花期前后	浆果膨大期	采收后
时间	在葡萄出土至萌芽抽枝前浇灌，施了化肥后再灌溉	花前10天左右灌1次水，以后花期要控制灌水	当浆果生长到黄豆粒大时，新梢也正生长旺盛，结合施肥催果灌催果水。每隔10～15天灌1次透水	果实采收后就要准备秋施肥，这时结合施基肥进行灌水
作用	满足葡萄萌芽抽枝的需要	对提高授粉、受精和坐果率有明显作用	满足新梢和浆果生长的需要	促进树体营养物质的积累，对翌年的生长、结果有重要作用。在冬春干旱地区，在防寒前再灌1次越冬封冻水，以减少冻害和旱害

葡萄园内灌水一般使用田间畦灌的方法，就是把水引进葡萄定植畦中。如果能够采用分段灌水的办法就更好了。如果安装了喷灌、滴灌的管道设备，灌溉就可以达到省水和不影响土壤结构的目的。另外，如果喷灌的时候，将肥料溶解在水中，就可以实现一举数得的目的，如防霜、防热、省水、保土、保肥等作用。滴灌也可以达到这种目的。

（二）排涝

葡萄的耐涝性虽然强，但是在地势比较低的地方和南方的梅雨季节地势较低的葡萄园也要做好排水的工作。因为当葡萄根系的土壤里面含有25%以上的含氧量时，根系生长迅速；当土壤含氧量为5%时，根系的生长受到抑制，有些根开始死亡：当含氧量低于3%时，根系因为窒息而死。当土壤的水分饱和的时候，土壤孔隙里面的氧气就被驱逐，这样根系不得不进行无氧呼吸，无氧呼吸积累的酒精就会使蛋白质凝固起来，引起根系死亡。并且在缺氧的情况下，土壤里面的好氧性细菌就会受到抑制，影响有机质的分解，引起土壤大量囤积一氧化碳、甲烷、硫化氢等还原物质，从而使根系死亡。因此葡萄园的管理者一定要重视洪涝灾害。

一般葡萄园排水系统可以分为明沟与暗沟两种。

1. 明沟排水　明沟排水就是在葡萄园的适当位置挖沟，降低地下水从而起到排水的作用。明沟由排水沟、干沟、支沟组成。它的优点是投资小、见效快。缺点是占地面积比较大，容易生长杂草，还容易造成地下水排水不流畅，维修困难。我国的许多地区都采取这种方法排水。

2. 暗沟排水　暗沟排水是在葡萄园的地下安装管道，将土壤里多余的水分通过管道排出的方法。暗沟排水系统主要由干管、支管、排水管组成。它的优点是不占地、排水效果好、养护的负担不重，有利于机械化的管理。缺点是它的成本太高，投资大，管道容易被泥沙堵塞，植物的根系也容易深入管道里面，形成堵塞，影响排水效果。

第五章
多样化的葡萄栽培

第一节 旱地鲜食葡萄的栽培

一、旱地生产葡萄的优势

我国是世界上干旱地区面积比较大的国家之一。根据旱地农业的定义，我国旱地区域指的是指沿昆仑山—秦岭—淮河一线以北的干旱、半干旱和半湿润地区。

（一）土壤资源优势

北方干旱地区的土壤具有有效土层深厚、质地适中和土体构型好的优点，非常适合葡萄的生长。只要是气候条件适合的时候，葡萄就可以生长结果，产出优良的果品来。干旱地区的土地资源优势一般表现在以下几个方面：

（1）有效土层深　所谓的有效土层就是植物的根系可以伸展吸收营养成分的土层的厚度。北方干旱地区一半以上的土地是黄土和次生黄土成土母质，有效土层可以达到150厘米。葡萄一般需要的有效土层在80～100厘米。另外黄土本身就有很多疏松多孔的沉淀物，土体厚重，因此足够满足葡萄生长和结果的需要。

（2）质地适中　土壤的质地是指土质的粗细以及土壤的沙黏土比例。它跟土壤的水、肥、气、热以及农业生产的性能相关。根据土壤的含沙量可以把土壤分为沙土、壤土和黏土。黏粒含量低于20%，壤土的黏粒含量为20%～60%，黏土的黏粒含量在60%

以上。

沙黏土的比例适合，既可以很好地保持水分，也可以保持肥料，通透性能也好，可以很好地耕种，因此，壤质土是葡萄生长的理想土地。

（3）土体构型好　土体结构是指土壤刨面的排列情况。良好的土体结构能够很好地保水、保肥，生长的植物抵抗性也较强。因此处于干旱地区的土体结构更适合葡萄生长。

（二）光热资源丰富

北方丰富的光照资源为葡萄的优质丰产奠定了物质基础。北方的干旱地区日光充足，例如甘肃嘉峪关、陕西关中地区、山西运城地区等它们每年的日照时数达到了2000小时以上，年日照百分率高达50%以上，另外≥0℃界温持续期间总日照时数达1600小时，占全年的70%以上。并且，北方干旱地区的全年纵日数为1680～3600小时，它的太阳辐射总量是418～1005千焦/平方厘米，辐射量在209千焦/平方厘米以上。≥0℃的活动积温为3400～4790℃，80%的保证率在2720～3800℃，≥10℃的活动积温为2900～3600℃，80%的保证率在2320～2880℃，因此非常适合葡萄的生长和成熟。

（三）病害轻，生产成本低

北方的天气降雨量比较少，气候干燥，并且有风的日子比较多，先天的条件不利于病原菌的侵染和发展，因此病害发生比较少。例如在陕西关中地区，一年中只喷洒5～6次药就可以控制病毒的侵害；在新疆吐鲁番地区种植葡萄，一年之中几乎不用喷洒农药；但是在山东泰安及莱西地区，一年中喷药次数不少于15次。

病害比较少，喷药的次数少，因此在劳力、用药方面节约了成本，同时也有利于生产绿色、无公害的果品。

二、化学调控剂的应用

试验证明，选择合适的品种，确定正确的负载量，加强肥水管理和病虫的防范，因地制宜地使用化学药剂，能够很好地提高葡萄的质量和栽培的经济效益。

（一）化学药剂在葡萄育苗上的应用

采用传统的种条扦插方法育苗比较慢，如果使用化学药剂处理插条基部，可以加快根原体形成，从而达到促根的目的。

（1）常用的催根药剂　催根的基本药剂为吲哚乙酸、萘乙酸、吲哚丁酸。主要包括萘乙酸、吲哚丁酸、ABT 生根粉、生根宝和吲哚乙酸，另外维生素 C 也可以有促根的作用。

（2）使用方法　使用化学药剂处理，最主要的步骤就是浸蘸种条基部。使用的时间因为药剂种类和浓度而不同（表 5-1）。种条经过处理后可以直接到大田扦插。

表 5-1　化学药剂催根使用一览表

药剂名称	使用浓度（毫克/千克）	处理时间（分钟）	处理部位
ABT 生根粉 2 号	50～100	5～10	全浸
ABT 生根粉 2 号	500	1～2	基部
萘乙酸	50～100	1～2	基部
吲哚乙酸	100～ 200	0.5～1	基部
吲哚丁酸	200～ 500	0.5～1	基部
维生素 C	200～ 300	1～2	

（3）化学药剂的配制　一般萘乙酸、吲哚丁酸等化学药剂的水溶性很低，有些甚至不溶于水，不过大多数溶于酒精。因此，在配

制药剂的时候，首先用酒精溶解，溶解到适合的浓度的时候为止。例如，配制100毫克/千克的萘乙酸溶液，先取1克萘乙酸和500毫升酒精，将萘乙酸倒入酒精充分搅拌，使它溶解之后获得2000毫克/千克原液。再取0.5千克的2000毫克/千克的原液，加入9.5千克水中，可获得100毫克/千克的溶液。

（二）高分子吸水剂在栽植上的应用

高分子吸水剂具有很强的吸水、固水的能力，是一种高分子树脂。普通情况下，它可以吸收高分子吸水剂本身400～500倍的水分，然后在土壤里面，慢慢地释放出来，供给植物，从而达到保墒、增墒的目的。

定植前，首先挑选、修剪苗木，剪掉死、伤甚至有些长的根系，使根系保持在25～30厘米，然后再在清水中浸泡12～24小时。

（三）吡效隆促进葡萄果粒增大

吡效隆又称KT-30，是近几年来在葡萄生产上应用的新型化学物质。它的作用是促进细胞分裂，防止落花落果，并且能够调整植物的营养物质，促进果实的膨大，从而可以达到增加果粒、增进果实外观品质的作用。

具体的使用方法如下：对于有核品种，在花开后的10～15天，用200毫克/千克吡效隆溶液浸蘸果穗5～10秒钟。对于无核品种，在谢花期和花后10天分2次，与赤霉素混用，用15毫克/千克吡效隆+100毫克/千克赤霉素混合液浸蘸果穗，使用一次就可以达到理想的目的。在使用吡效隆时要注意：第一，使用的浓度不能太大，一般不超过200毫克/千克，否则容易产生药害。第二，处理的时候不能过早，否则就会出现大小颗粒的现象。第三，吡效隆必须现配现用，放置一天，药效就会明显的降低。

（四）赤霉素促进果穗整形、增大果粒

赤霉素又名九二〇，是一种作用众多的植物激素。果实在生长发育的时候，种子能够合成赤霉素，赤霉素能够很好地调动营养流向果实，从而促进果实的生长。如果在植物的花期使用赤霉素，能够抑制坐果、促进果粒膨大、拉长果穗和有效地促进形成无核果。特别是在拉长果穗、增大果粒方面，九二〇普遍应用在鲜食葡萄中。

在优质果的生产当中，红地球葡萄最佳成长每穗 50 ~ 80 粒，单粒重 14 克以上，单穗重 600 ~ 1000 克。但是在实际的生产中，每穗的果粒数目为 120 粒以上，如果手工疏粒的话比较繁重。

在实际生产之中，不同的葡萄品种对于赤霉素的敏感性和使用方法不同。因此，在使用赤霉素的时候，一定要经过试验，确定出最恰当的使用浓度的时候，在处理的最佳时期、适用的树势的时候进行大规模的使用。

（五）喷光呼吸抑制剂

葡萄是高光呼吸型的碳三植物，呼吸消耗 40% ~ 50% 的光和化合物。尤其是在夏季，因为温度的提高，光呼吸急剧增强，但是这时候正是果实糖增长的关键时刻，如果影响到光合产物的积累，就会影响到葡萄的品质。因此要适量地抑制叶片的光呼吸，从而减少光合产物的消耗，增加果实糖分的含量。根据试验，光呼吸抑制剂亚硫酸氢钠不仅能够抑制巨峰系葡萄的坐果率，而且能够促进果实的品质、产量和成熟的整齐度。

光呼吸抑制剂的主要成分是亚硫酸钠。它的使用方法是：

①喷施一次 500 ~ 700 毫克/千克的亚硫酸钠在葡萄开花前的一周或者是盛花期，能够有效地提高开花的坐果率。

②在果实膨大期后 7 ~ 10 天，每隔 10 ~ 15 天，树体喷一次 300 毫克/千克的亚硫酸钠，连喷 2 ~ 3 次，能够有效地促进果粒膨大。

③亚硫酸钠绝对不能和灭草剂一起混合使用，但是可以跟农药、化肥等混合喷施。

④露水干后的早上 7 点至下午 1 点；或下午 4 点以后是亚硫酸钠喷施的最佳时间。一定不要在烈日下或者是大风的天气喷施，避免造成肥害。

（六）复硝酚钠在葡萄上的应用

复硝酚钠能够提高细胞的活性，在与植物接触之后，可以迅速渗透到植物的体内，加快细胞原生质的流动，从而加快植物的生根速度，同时对植物的营养生长和生殖生长起到促进作用。现在被广泛应用在植物的打破休眠、促进发芽、生长发育、提早开花、防止落花落果、改良植物产品的品质等方面。

市场上复硝酚钠的产品比较多，但是常用的是丰产素、春雨 1 号。它的作用和使用方法如下：

（1）提高坐果率　在葡萄开花前的 7～10 天，往叶面上喷洒 1 次春雨 1 号胶囊 1 粒，兑水 25～30 千克，并且整理花穗、摘心，这样可以使坐果率提高 20%～60%，也可以促进穗形的紧凑美观。

（2）增大果粒　在花开后的 10 天左右，及时地疏果。每穗留 35～40 粒。接着将春雨 1 号胶囊 1 粒+0.19% 吡效隆酒精液剂 5 毫升兑水 1 千克，浸泡果穗 2～3 秒，取出之后，稍微轻弹一下，这样能够很好地去掉多余的药液，也可以使果粒增大 25% 以上。注意，处理完之后，一定要增加肥料，特别是有机肥一定要充足。

（3）促进早熟　试验证明，使用春雨 1 号 4 克兑水 150 千克，能够很好地抑制秋梢的生长，将所有的营养物质运输到果穗、果粒，既能够促进果实的成熟，也能够膨大果实。果实至少比没有处理的葡萄早熟 10～15 天。

（4）果实无核化处理　用无核灵 1 号（有效成分一般是赤霉素、吡效隆或噻苯隆、防落素等）浸蘸果穗 2～3 秒，然后轻弹花穗去掉多余的药液。这样能够破坏种子的形成，长出没有果核的葡萄。因为种子能够分泌出促使果实膨大的内源激素，因此经过处理的葡萄长得比较小，所以需要补充细胞赋活剂春雨1号，协调激素从而增大果粒，具体的方法同以上“增大果粒”部分。

（5）防止果实裂果　葡萄裂果主要发生的时间是浆果发软即将成熟的时期。品种的类型不同，发生裂变的程度也不同。裂果发生的主要原因是降雨过多，或者土壤中的水分发生巨大的变化，比如暴干暴湿。因此，保持水分稳定，防止果实吸收太多的水分是防止裂果的主要措施。每隔10～12天喷施1次春雨1号，保证葡萄的钾素、钙素、硼素正常供应也可以防止裂果。

三、旱地水分调控技术

（一）旱地土壤水分变化与葡萄生长发育的关系

在北方干旱的地区，因为年降水量比较少并且分布不均匀，另外，土壤中的水蒸发量比较大，因此土壤缺水严重，并且从南向北，从东向西亏缺越来越严重。

葡萄虽然是耐旱性植物，但是在葡萄萌芽期、新梢迅速生长期、开花期及果实迅速膨大期间（4～7月中旬），葡萄需要大量的水分。如果在此时大量降雨或者及时浇水的话，那么则有利于产量的提高。特别是在花芽形态分化期、果实着色初期（7月中旬至8月下旬），水分的增加，有利于果粒的第二次膨大、果粒的增大和果实上色和增糖，从而提高果实的质量。但是如果在此期间，阴雨连绵，那么病害就容易发生。葡萄的采收季节，如果天气干燥，降雨量少，那么就有利于葡萄果粒的增糖和上色，也可以提高果实的品质，促进枝蔓的成熟。所以要充分掌握好水分的调控。

（二）旱地蓄水措施

旱地土壤保墒的方法主要是通过土壤的管理来实现的。一般情况下，在1米深的黄土层内可以储存250～300毫米的水层，有160～200立方米的水分；在2米深的黄土层内可以把全年的500～600毫米降水量储存起来，在干旱的时候补充给葡萄。所以，干旱土地的中深厚的土层被称为“土壤水库”。只有将旱地的“土壤水库”的储水工作做好，才能保证和实现葡萄的丰产和稳产。

（1）深耕翻　深耕翻能够提高降水的下渗速度和储水量；打破犁底层，加速土壤熟化，降低土壤的容重，增加土壤之间的孔隙度；同时也可以创造出深厚的土壤耕作层，有利于根系的向下生长，扩大根系的范围，更好地应用深层的水分和养分。

深耕翻的时间一般和秋季的扩穴和施有机肥一起，时间赶早不赶晚，一般深翻的深度为40～50厘米。9月下旬至10月中旬气温、土温比较高，根系有一次生长的高峰期，所以这为深耕翻对树根造成的伤害提供了疗养的机会。

雨季的时候，在葡萄的行间，可以结合除草耕翻，它的深度一般为10～20厘米处，这样是为了积累雨水。

（2）深松耕　只疏松土层而不翻转土层，这样可以使土层呈现疏松状，可以加快土壤的熟化，以及土壤的含水量。一般深松耕只在雨季和葡萄生长季进行，松土的深度为10～15厘米。

（3）水平等高栽植　这种方法一般应用于3°～7°的浅山区或丘陵地带，陡坡地不适合使用。具体方法就是葡萄定植沟沿等高线开沟，从而形成等高撩壕。这样可以拦截坡面上的地表径流，增加降水的入渗率，同时减少水土流失。

（4）修建梯田　在丘陵沟壑地田面坡度较大的地方，水平等高种植，不能实现收集雨水的作用，因此可以采取修建梯田的办法，减少地表径流和土壤冲刷，增加土壤水量。常见的修建梯田的方法：

①水平梯田。就是沿着等高线把田面修成水平的阶梯式农田。这类方法主要适合坡度为7°～25°的地段。如图5-1所示。

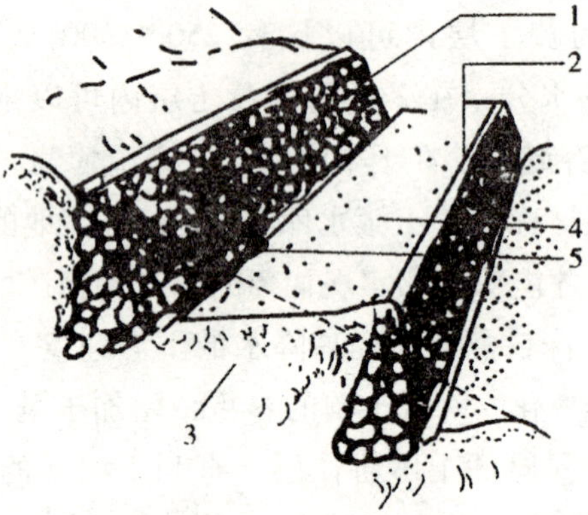

图5-1 水平梯田

1. 护坡 2. 边坝 3. 梯壁 4. 田面 5. 背沟

②坡式梯田。就是坡面隔20～30米沿等高线修一田埂，埂与埂之间的地表还保持着原来的坡面，这样有利于田埂拦截降水，然后在埂内开沟定植葡萄。主要应用于坡度为7°以下的地段，如图5-2所示。

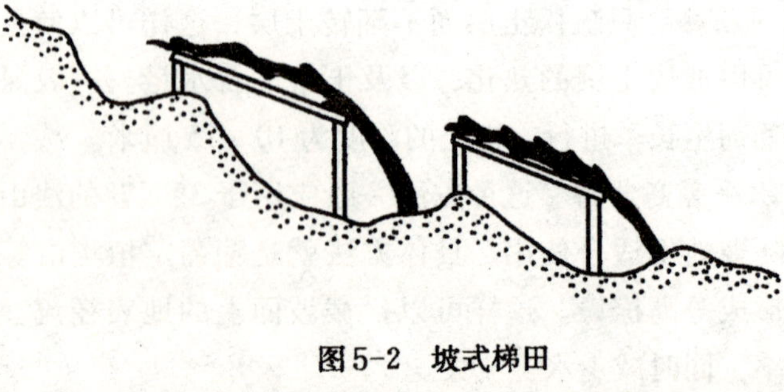

图5-2 坡式梯田

③隔坡梯田。顾名思义，就是在坡地上面隔一段距离，修建梯

田，两个梯田之间保留一定宽度的坡面，坡地与梯田宽度比为（1～3）：1，坡地的下一个梯田为集水区，然后在梯田上面种植葡萄。如图 5-3 所示。

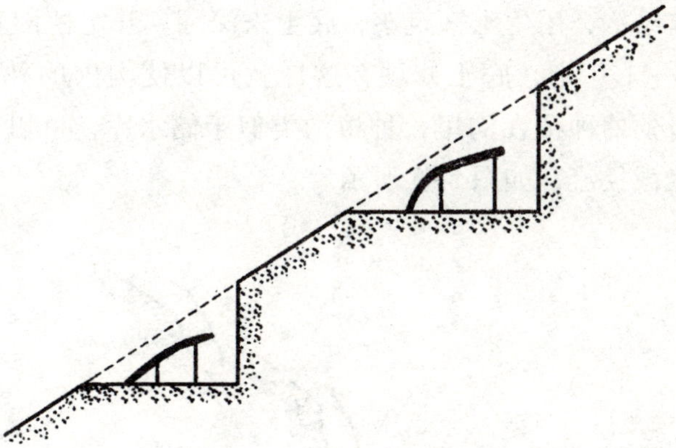

图 5-3 隔坡梯田

④反坡梯田。跟水平梯田很像，但是一般情况下，田面是外面高里面低，保持 3°～5°的向内倾斜，这样可以很好地提高蓄水、保土、保肥能力。如图 5-4 所示。

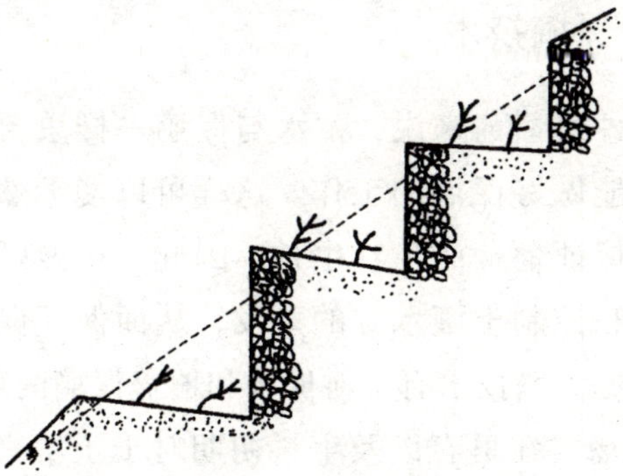

图 5-4 反坡梯田

在修整梯田的时候，一定要保留表层的熟土，采取的方法是“里切外垫，生土作坎，死土深翻，活土还原”。把原来的熟土层铺盖在新修的梯田上，再挖定植沟、施有机肥，从而就可以达到改良土壤的目的。

⑤蓄水聚肥改土法。这种方法又叫作“抗旱丰产沟”，就是打破原来的土体结构，用生土来筑垄，底土来深翻。开定植沟宽1～1.5米、深0.8～1.0米，底土修埂，这样就可以使沟内的熟土集中2倍，然后将葡萄种植在沟里，种植沟类似于储水库，可以有效地保持水土，拦截径流，如图5-5所示。

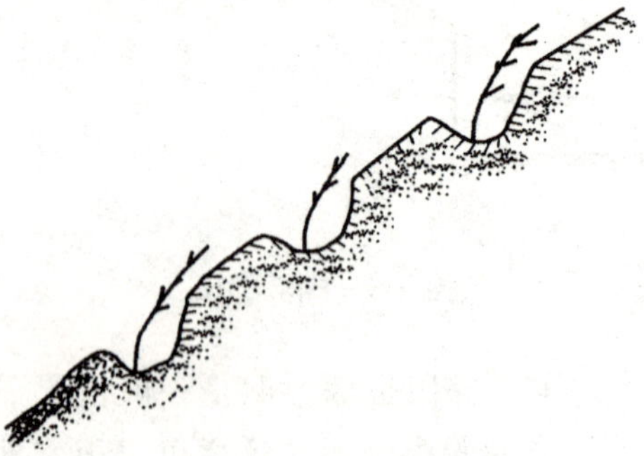

图5-5　抗旱丰产沟

（三）旱地保墒技术

对于在旱地种植葡萄来说，蓄水与保墒一样重要。只有在做好蓄水的基础上才能做好保墒的工作。这样可以使天然的降水转化为土壤水分，才能保证葡萄的茁壮生长。因此，在做好蓄水工作的基础上，还要减少和控制土壤水分的蒸发，从而保证保墒技术的基本点。葡萄园中常见保墒技术有中耕保墒和覆盖保墒两种。

（1）中耕保墒　在早春以及生长初期对于土壤来说，对土壤中耕，能够使土壤具有除草、松土、切断毛细管、破除土壤板结的作用，能够增加降水的入渗能力，减少水分的蒸发和损失。中耕在雨后及时浇水2～3天之后进行，具有很好的保墒作用。

（2）覆盖保墒　覆盖保墒主要应用在旱地休闲期降水比较少，而且在葡萄生长期蒸发量比较大，而实施的有效的农田水分调控和保墒措施。地面覆盖不仅可以抑制土壤中水分的蒸发，而且能够减少地表的径流，蓄水保墒，还能够增加温度，同时改善土壤的物理以及生物性状，从而提高产量。常用的覆盖方法包括秸秆覆盖、地膜覆盖、沙石覆盖、化学覆盖等。

①秸秆覆盖。把农业副产品例如茎秆、落叶、绿肥植物等作为覆盖材料，在春天结束，夏天雨季来临的时候，把葡萄定植沟、架下根系主要分布区及行间用覆盖材料盖好，可以有效地增加降水的保蓄率、抑制土壤水分蒸发、促进水分下渗、提高水分利用率、以及减少地表径流。定植沟地面覆盖对土壤含水量的影响见表5-2。

表5-2　定植沟地面覆盖对土壤含水量的影响（%）

处理	第1天	第5天	第10天	第15天	第20天
覆盖三叶草绿肥	46.7	41.3	39.8	37.1	35.3
对照	47.2	34.2	39.6	21.4	21.6

注：把第1天浇水后，土壤的含水量作为对比的基数，之后，马上将三叶草收割、覆盖在定植沟内，覆盖厚度为15～20厘米，然后在第5、15、20天分别测定土壤含水量（土壤条件为黄壵土）。

②地膜覆盖。地膜覆盖的保墒原理就是把土壤的水分和大气阻隔开，使土壤中的水分不能有效地向大气中蒸发，把水分保持在了膜下。同时，地膜也可以起到保温、增温的作用，可以使土层的温度升高，使下层的水分向上层运动，起到提墒于土壤上层的作用。

③沙石覆盖。沙石覆盖是利用石砾、粗沙、鹅卵石和细沙的混合物覆盖在土壤的表面，铺设厚5～15厘米的覆盖层。因此，它的名字也叫作沙田或石田。沙田的作用是蓄水保墒，防旱抗旱。沙田的沙石层疏松，渗透性好，沙粒的空隙大，可以防止径流，除了特

大的暴雨之外，全年的降水都可以渗透进土层中。同时保护了土壤，防止水土流失，也切断了毛细管的上升，减少了水分的蒸发。

④化学覆盖。利用化学物质有效的控制水分的蒸发和植物水分的消耗，是土壤保墒的有效的方法。目前使用的方式是化学覆盖剂、吸水剂和抗蒸腾剂三大类。这一技术，在国外已经广泛使用，20 世纪 60 年代在我国开始研究，目前已经生产出很多产品，在生产中应用。

(四) 旱地集水工程措施

旱地集水工程，主要是指在干旱的地区，收集有限的降水和拦截雨季径流的工程。这种方法可以把大面积土地上有效的降水集中起来流向葡萄园，这样可以保证葡萄生长的需要，从而达到雨量增值的目的。把不稳定的、间断的降水集中到蓄水的设施中，可以起到降水调蓄的作用，从而保证葡萄的稳产和增产。

1. 水窖　修建水窖，集中水窖附近地面的降水，可以解决春秋干旱季节葡萄园的用水。这种方法广泛地应用于西北地区。常见的水窖有立式窖和卧式窖两种。立式窖可分为瓮窖、缸窖、窑窖。常用水窖形式如图 5-6 所示。

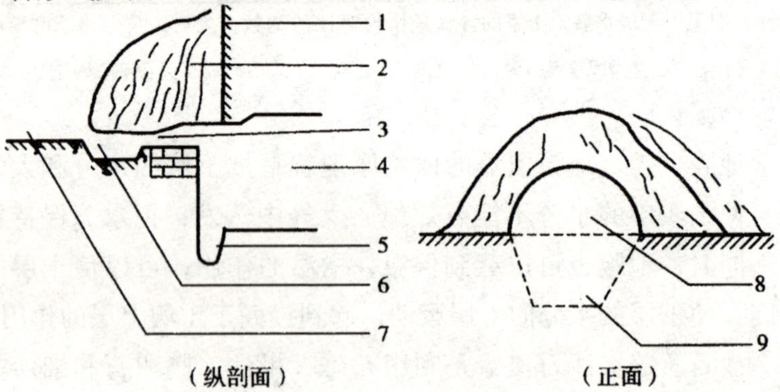

窑窖

1. 墙体　2. 山坡　3. 进水口　4. 窑窖体　5. 乱石护底
6. 沉沙池　7. 集水场　8. 窑口　9. 储水池

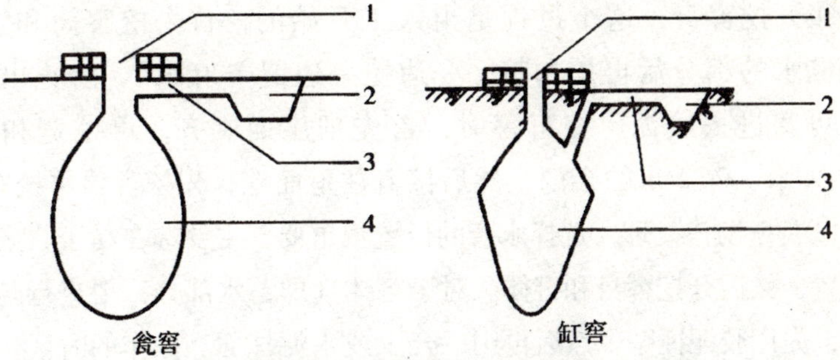

1. 窑口 2. 尘沙池 3. 进水道 4. 窖体

图5-6 常用水窖形式

常见立式水窖的特点及其结构见表5-3。

表5-3 常见立式水窖的特点及其结构

类型	适用地区	特点	窖体结构
瓮窖	丘陵及高原地区，土壤较好的地方	窖体为拱形，牢固，容积大，能把水蓄满	窖筒直径60～70厘米，深1～2米，以后慢慢扩大到直径3米，再慢慢收缩，窖底成锅底形，总深5～7米
缸窖	高原地区	规模小，容积大	窖筒直径60～70厘米，深1～2米，窖体5～7米，其中蓄水深度3～4米，窖体直径3～4米，底部直径2米
窑窖	靠山根崖根处建	容积大，施工容易，可自流取水，由窑门、窑顶、水窖三部分组成	窑顶矢垮比为1：2，垮高3～4米，矢高1.5～2.5米，窑长8～15米，蓄水部分为梯形，上宽下窄，边坡竖横比为8：1，深3～4米，底宽1.5～4.5米

（1）水窖的建造

①开挖窖身，这个过程是由人工开始的，首先挖窖筒和旱窖，挖到储水的部分后再挖扣带，一边挖一边留“麻眼”，防止出现渗漏，再塞进去胶泥。挖窑窖时，首先把崖面刷齐，再挖宽和高为1.5～2米、深2米的窖门，然后接着往里面挖，先挖窖顶再挖窖身。

②窖壁防渗处理，选择水窖的位置很重要，主要选在易于收集雨水的位置，然后开挖窖身和窖体。对于窖体（即蓄水部分）要进行防渗的处理，先用胶泥捶贴，然后再用三合土或水泥抹面。操作的时候，胶泥塞住“麻眼”，捶实，再涂上4～5厘米厚的胶泥层，接着用三合土（白灰、细沙、胶土比例为1∶7∶3）或水泥抹面。在抹面的时候，先用白灰、砂浆打底（白灰、砂浆比例为1∶1.5～1∶2.0），再用水泥砂浆抹面（水泥、砂浆比例为1∶2.0～1∶2.5），漫一层水泥泥浆，至窖口。

③水窖的配套设施，主要由集水场、输水渠、沉沙池、拦污栅、进水管、窖口井台等组成。

a. 集水场。收集地表径流的场地，一般来说积水场越大，一次收集到的雨水就越多。比如集水面积为800～1300平方米，年降水量为250～600毫米的地区，一次降水可蓄50～60立方米。积水场可以用红、黄土混合铺盖并且夯实或用机瓦铺盖，也可以用混凝土，水泥抹面或用塑料薄膜覆盖集水等。

b. 沉沙池。一定要在距窖口2～3米处，修建（2～3）米×（1.5～2.0）米×1.0米的水泥池，这样可以阻止地表径流的泥沙流进水窖里面。

c. 拦污栅与进水管。在进水管的前面设立拦污栅，这样可以防止污物进入水窖，在进水管进水处的窖底，还要设置石板和其他消力设备，这样可以避免进窖水流冲坏窖底防渗层。

d. 窖口井台应高出地面30～50厘米，必要的时候，安装提水设备和抽水泵。

（2）水窖管护　在下雨前夕，要清理地窖的水路，降水的时候要及时地把水引进地窖，等到水满了以后要立刻封闭窖口，这样可以防止进水超过防渗层。不能将水窖里面的水全部用完，否则可能会引起裂缝。要经常清理沉沙池，保证雨季储水的时候水窖系统完整。

2. 人工蓄水池　人工蓄水池又叫涝池，是指在集流地面下游的蓄水池。蓄水池的大小，主要是根据集水面的大小和降水量的多少来决定的。一般的口径是 10 ~ 25 米，深 1.5 ~ 2 米的涝池，可蓄积水 200 ~ 800 立方米；口径为 30 ~ 40 米，深 2 ~ 3 米的涝池，可蓄积水 2000 ~ 3000 立方米。

挖好人工蓄水池好要做好防渗的处理工作。在黄土地修建的蓄水池，要在它的底部铺上 20 ~ 30 厘米的红胶土，夯实后再铺一层黄土夯实就可以了。有条件时可以把塑料薄膜铺底压土，或用石料泥浆砌底，这样防涝的效果更好。

（五）旱地节水灌溉技术

节水灌溉是根据蓄水规律以及当地的供水条件，有效地利用降水和灌溉水，从而为葡萄的生产提供最佳的经济效益、社会效益和环境效益而采用的多种灌溉技术和方法。常见的节水灌溉技术有五种：

1. 地面节水灌溉技术　地面灌溉是传统的、古老的、使用面积最为广泛的方法，主要是通过地面的渠道和地下的管道将水运送到田间。这种方法的缺点是容易造成流失、深层渗漏、蒸发、废泄、生产率低、灌水质量差、湿润土层不匀等问题，不过它简单易行，成本低，易于推广。在葡萄园中常见的节水灌溉方法有畦灌和沟灌。

（1）畦灌　在北方比较干燥的地区，为了节约水资源，要杜绝大水漫灌、大畦漫灌。采用“小畦三改”和“长畦分段”的技术。

①“小畦三改”灌溉技术指的就是把长畦改成短畦，宽畦改成

窄畦，大畦改成小畦的灌水技术。具体做法就是在葡萄园内，不管是棚架栽植还是篱架栽植，都要在根系分布最多的位置修畦做埂，畦长不过15米，宽不过1.5米最好。

使用“小畦三改”技术，可以使灌水集中在根系分布最广的位置，比一般的灌溉节水30%，灌水均匀度达80%以上，灌水效率提高50%～60%。

②“长畦分段”灌溉技术就是把长畦分成横向畦埂的小畦，畦宽1.5～2米，长度为50米，然后用塑料软管地面输水沟把水送到畦内，然后逐渐依次灌水。

使用长畦分段灌水比一般畦灌节水40%～60%，灌溉效率提高一倍以上，并且方便机械化管理，有利于实现小定额灌水。这种方法可以在地广人稀、劳力不足、干旱缺水以及机械化程度高的农场、园艺等企业中推广。

（2）*沟灌* 沟灌主要是在葡萄的行间挖一条水沟，然后让水在沟里面流动，主要是依靠重力和毛管的作用把土壤灌溉的方法。沟灌比畦灌用工少，能够保持大部分土壤疏松，并且不会破坏根系附近的土壤结构，减少土壤的水分蒸发和损失，能够节约水分1/3，保证肥料不流失。在雨涝季节，也可以用来收集雨水，进行灌溉和排水，从而保证葡萄生长需要的水分。

2. *低压管道灌溉* 低压管道灌溉又称低压管灌，是最近在我国北方干旱地区推广的节水、节能型的新式灌溉技术。它主要是利用低耗能水泵或由地形高差所提供的自然压力给灌溉水加压，然后再把管道中的水直接输送到田间实施灌溉的方法。

低压管灌系统主要由水源、取水工程、输水管网及田间灌水系统（包括分水池、移动管、出水口、三通等）等部分组成，如图5-7所示。

（1）*水源* 水源要求是水质洁净，不含杂草、泥沙等容易堵塞管道的杂物。否则就必须进行拦污、沉淀等处理。水源的种类比较

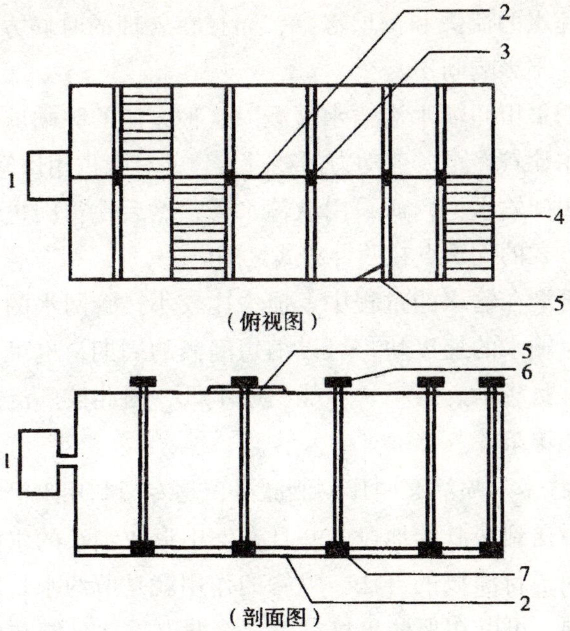

图 5-7 低压管灌系统

1. 水源 2. 输水管道 3. 分水池 4. 畦

5. 移动管 6. 出水口 7. 三通

多，可以是井、水库、渠，甚至是河水。

（2）取水工程 取水工程主要包括机井、扬水站和高处的蓄水池。具体工程的方法取决于水源。

（3）输水管网 输水管网可以分为一级管道、二级管道和三级管道。一、二级管道要求简单、耐用和经济，同时要有一定的承受水压的能力。三级管主要采用的是固定式管道，可以使用地面移动式管道，这样可以根据土地灌溉的实际情况进行移动。

（4）田间灌水系统 田间的灌水系统，根据实际的需要可以采用以下的形式：

①采用田间灌水管网，不用田间输水沟，而是使用地面移动薄塑料管代替，将水直接浇到田里面。这种方式的优点是可以减少水

的浪费，避免水的流失和深层渗漏，而且在管理的时候方便，并且不浪费土地，不影响间作。

②采用明渠田间输水沟输水灌溉。这种方法的弊端就是输水的过程中浪费水比较严重，劳动力消耗过大，并且要占用田间的距离。

③不用田间输水沟，而采用软输水管，然后在行间进行沟灌或畦灌。这种方式的优缺点在两种方式之间。

④低压管灌在输水的过程中，损失比较小，管网水的有效利用系数高，并且输水的速度快，可以缩短灌溉的周期，也可以减少单位用水量。并且省地、省工、节能、成本低，因此被广泛地应用于各种地形和土壤条件。

3. 喷灌技术　喷灌又叫作喷洒灌溉，是专门利用喷洒设备将水加压后，然后送到灌溉的地段，并且在空中形成细小的水滴，均匀地洒落在田间进行灌溉的方法。喷管的作用就是节约水量、增加产量、适应性强，可以在那些土壤贫瘠、渗漏严重并且能在山地丘陵和黄土高原等地使用。

（1）喷灌系统的组成　喷灌系统由水源、动力机械、水泵、输水管网、喷头等部分组成。

①水源。水源要求水质洁净，不含杂草、泥沙等容易堵塞管道的杂物。否则就必须进行拦污、沉淀等处理。水源的种类比较多，可以是井、水库、渠，甚至是河水。

②动力机械。动力机械的主要作用就是增加压力，带动水泵工作。

③水泵。主要是用来给水流加压，能够在水管的管道里面产生一定的压力，然后喷射到空中。

④输水管网。主要是把经过加压的水运送到喷头，然后进行喷灌。

⑤喷头。喷头是喷灌的专用设备，它的主要作用是把管道里面有压力的水均匀地分散到田间，选择喷头必须考虑的是：喷头结构

形式和性能参数及所灌溉的植物，比如葡萄就要选择低压喷头，这样喷水量少、射程近、雾化程度高、水滴少。在成龄葡萄园，就要选择高压喷头，射程远，喷水量大，喷灌强度高。其次就是运转的时候可靠，结实耐用。

（2）喷灌的类型　根据喷灌系统能否移动可以分为固定式、移动式和半移动式。它们的优缺点见表5–4：

表5–4　不同喷灌类型的优缺点

喷灌类型	具体操作	优势	缺点
固定式	除喷头可拆卸外，其余均常年固定不动。水泵和动力机械构成固定泵站，管道埋入地下（或固定在地面），喷头装在竖杆上	操作方便，不易损坏，生产效率高，运行成本低，工程占地少，有利于自动化管理	设备利用率低，需管材量大，投资较大，只适用于地面坡度陡、局部地形复杂的地区
移动式	在田间只布置水源，而水泵、动力机械、输水管网和喷头均可移动	利用率高，需管材量小，控制面积较大	运行成本高，占地面积大，劳动强度高，喷洒质量稍差
半固定式	动力机械、水泵和输水管网的干管是固定的，而喷头和支管是移动的。在干管上装有许多给水栓。只需将支管接在干管的给水栓上即可进行喷灌，一处喷灌结束后，再移动一处	减少了支管的数量，提高了设备利用率，从而降低了建设成本，比移动式操作简便，劳动强度低，生产效率高，是目前生产上常采用的一种喷灌类型	因为要进行拆运、搬移，所以生产效率低。搬运的时候容易损伤作物。一般适用于经济较为落后的地区。管道式喷灌系统比较适用于水源较为紧缺，取水点少的我国北方地区

（3）喷灌水的质量指标

①灌溉强度。指的是单位时间内喷洒在单位面积上面的水量。也就是在单位时间内可以灌溉面积上面接受水的深度。一般用毫米/小时表示。用土壤的允许浇灌强度指的是灌溉强度和土壤的入渗能力相适应。

②喷灌均匀度。指的是喷灌水量的均匀速度。衡量喷灌质量高低的一个重要指标就是喷灌水量的均匀程度。一般在设计的风速下面，均匀系数不低于75%。

③雾化度。指喷射水流在空气中雾化粉碎的程度。它的直接指标就是依靠水滴打击的强度，也就是在单位面积内喷洒水滴对作物和土壤的打击能力，打击能力如果太大，容易破坏葡萄的枝叶、花序，严重时甚至会影响土壤的团粒结构，使土壤不松软。如果雾化程度太大，那么容易被风吹散，蒸发损失就会过大。如果雾化程度太小，那么对地面的打击力太大。因此，水滴雾化程度要适量。

4. 地面滴灌技术　滴灌是微管的一种方式，也是新型的节水型的灌溉技术。它主要是根据葡萄生长过程中需水的要求，然后通过低压管道系统以及安装在末级管道上的滴水器，将植物需要的水分和营养以较小的流量准确缓慢地运输到根部的土壤部分的方法。因为滴头的流量很小，所以只能浸湿滴头周围的土壤，然后水借助毛管张力扩散。它也是局部灌溉的一种，既可以节约用水，也可以均匀地灌溉在土壤里，适应性也强，操作方便，同时也可以与除草剂、肥料一起灌溉。

滴灌系统的组成部分是水源、首部枢纽、输配水管网和滴水器。各部分作用如下：

（1）水源　与喷灌系统一样。

（2）首部枢纽　它的主要组成部分是过滤器、各种控制及计量检测设备、水泵机组、施肥罐（施用化学肥料和农药）。

①水泵机组。它是滴灌系统的控制调度中心，主要作用是从水源获得水，然后经过处理，使水达到滴灌的要求，然后在输送到系统中去，滴到土壤里面，使葡萄按照自身的生长需要吸收。

②施肥罐。在这里面，利用滴灌的设备完成滴灌的同时完成施肥和施药。

③过滤器。除去水中的污物和杂质，防止杂物堵住滴头。

④控制设备。主要是压力调节器和阀门。通过调控它们，可以调节水流的速度和滴灌的区域。

（3）输配水管网　主要由输水管道和配水管道组成。输水管道由干管和支管组成，主要是由硬塑料管组成。配水管又叫作毛管，它的一端安装在支管上，另一端安装在滴水器上，常常放置在地表。

（4）滴水器　又叫作配水器，它是滴灌的专门配置。它的主要作用是按照葡萄的需水情况将水滴入到根部的土壤里。

5. 渠道防渗技术　我国旱地大型的输水方式是渠道。在运送水的过程中，会因为渠道漏水、水面蒸发和渗水而造成水的损失。

渠道的防渗主要使用的防渗材料是水泥土、膜料、混凝土、沥青、土料、石料等，从而达到防渗的目的。因为这部分属于水利工程项目，因此不作概述。

第二节 酿酒葡萄的栽培

一、提高酿酒葡萄产量的方法

（一）二年丰产的涵义

（1）产量来得快　在准备栽培的时候，管理上一定要注意时效性。从定植开始，每一个技术环节都要抓好，一环套一环，这样就能收获高的产量。

（2）产量比较高　植株的健康生长是葡萄高产的基础。因此，必须在传统的管理方法上进行改进，保证各个植株健壮生长，从而达到丰产的目的，同时也为二年丰产打下基础。与此同时，加强综合管理，注重植株健康发展，保证连年的稳产、优质。

（二）产量指标

酿酒葡萄幼树二年丰产与成龄树丰产是完全不同的两个概念，其丰产指标也不一样。二年丰产是利用特殊的栽培手段，然后使葡萄的幼苗能够得到超常发挥的生产能力，从而达到预期的产量水平。根据现在的生产水平，酿酒葡萄二年丰产指标为每公顷 6 吨以上，一般来说保持在 7.5 ~ 15 吨。

（三）丰产树相指标

酿酒葡萄与其他树种相比，比较容易获得早产。但要实现二年丰产，一般情况必须达到下列丰产树相指标：

第一，结果蔓必须达到一定的粗度和长度，例如每公顷产量是7.511吨，在第一年裁剪的时候，枝蔓的生长量的指标是：剪留枝蔓长度40~50厘米，枝蔓剪口处直径7毫米以上，并且每公顷葡萄园中具备上述指标数的枝蔓达到了1.5万个。

第二，就是枝蔓充实，芽眼饱满没有病虫害，生长期的时候没有早期落叶的现象。

（四）二年丰产的主要技术措施

酿酒葡萄二年丰产并不是依靠单独的一两项新技术就能够实现的，它需要各项技术的综合应用，才能够达到增产的目的。一般而言，二年丰产技术可概括为"四优、三早、二合理、一加强"。

"四优"，即优质土壤、优良品种、优质壮苗和优良定植。

"三早"，即早定植——可以适当地提前定植；早摘心——在成长期间的时候，可以提前摘心；早搭架——定植后，早早搭建永久性的支架。

"二合理"，即密植的时候要合理，留梢的时候要合理。

"一加强"，即加强包括肥水管理、病虫防治等在内的综合管理。

1. 栽植前的准备　酿酒葡萄二年丰产园一般要选择土层厚度1米以上的壤土或沙质壤土，土质肥沃疏松，地下水位在1米以上，并且容易灌溉。丘陵山一般要选择背风向阳的地方，然后做成水平梯田。根据酒厂的需要，对品种进行选择，一般种植的优良的品种是贵人香、霞多利、梅露辄、白玉霓、赤霞珠、品丽珠。应选择那些根系完整发达、枝芽充实、无病虫害和无机械损伤的壮苗。首先在种植前，要挖一条沟深、宽各80~100厘米的沟；其次，要在定植沟下部埋10~20厘米厚的秸秆，提高土壤的有机质含量，把秸秆粉碎后与表土混合，然后添加无机氮肥，每公顷施优质农家有机肥60立方米，把肥料和土壤混合施入中上层。最后回填土，用水沉实、耙平，种植苗木。

2. 第1年的管理

（1）精心栽植　选择一级的优质壮苗；注意栽植密度。每公顷栽植7500株以上，行距2.5米，株距0.5米。第3年的时候，有计划地疏除密株。然后覆盖薄膜，这样可以保墒、提高地温；苗木在栽植的时候要深一些，比地面低10~20厘米；埋土的时候浅一些，与苗木新梢基部一样。等到苗木长到30~50厘米时，再把土和地面对齐。这样可以防风、保墒增加生根部位，使苗木生长旺盛。

（2）定梢　苗木进入缓苗期之后，很快进入了旺盛阶段，这时候，要及时地摘心和定梢。萌芽开始要抹芽，进行第一次定梢，这次定梢的数目比最后要留的数目多30%。利用营养钵绿叶苗栽植，栽植后马上摘心，促进副梢萌发。新梢长到10厘米以上，进行第2次定梢，一般每株留2~3个主梢。主梢一要健壮，二是距地面尽量近些。

（3）搭架　因为葡萄是攀缘植物，水平生长的时候就会产生副梢，主梢生长变缓，直立生长则会生长迅速；因此，在定植之后，就要搭架，把新梢绑在架上。这样，不仅有利于植物生长，也有利于病虫害防治和田间作业。先拉第1道铁丝，新梢长了一段距离后再拉第二道铁丝，然后把新梢及时绑缚在铁丝上。

（4）摘心　夏剪的重要内容是新梢摘心，主要对主梢进行多次摘心，抑制生长。第1次摘心在主梢长到70~80厘米时进行。长势强的可在80~100厘米时摘心，长势弱时第1次摘心时间最迟不要超过大暑节气。主梢摘心后发出一次副梢留4~5片叶进行二次摘心。每个主梢顶端留2~3个副梢；二次副梢留2~3片叶进行第3次摘心。秋季的时候，为了促进植株停止生长，要使用截顶法，即截去幼嫩梢头。

(5) 施肥　肥水管理对葡萄的二年丰产十分重要，一年要进行 3~4 次追肥。追肥原则是前期促，后期控。前期主要以氮肥为主，促进植物生长，后期以磷、钾肥为主，以延缓生长势，促进枝蔓成熟。第 1 次追肥在缓苗期过后，随后每隔 15~20 天，每株 25~50 克施加。秋天的时候施加基肥，每公顷施优质农家肥 60~100 立方米。施肥后及时浇水。雨季的时候少浇水，干旱施肥的时候多浇水。

(6) 病虫防治　病虫防治主要是以贯彻预防为主，综合防治的方针和经济、安全、有效的原则。前期防治金龟子、象鼻虫。从 6 月初开始，每隔 10~15 天喷 1 次 200 倍石灰半量式波尔多液，使用 5 次以上，保证叶片不受侵害，保证早期不落叶。

(7) 冬剪与防寒　冬剪时，枝蔓剪口处直径 7 毫米以上，留 50 厘米。剪口处较细的可适当短剪，较粗的可适当长留，第 1 年不宜超过 80 厘米。预防的时间比成龄树早 3~5 天。防寒前浇好封冻水，把葡萄枝蔓顺行压倒，埋土御寒，埋土厚度 30 厘米以上。

3. 第 2 年的管理

(1) 出土上架　出土的时间一般比成龄树晚 3~5 天，出土后喷 1 次 3~5 波美度石硫合剂，然后立刻绑蔓上架。

(2) 抹芽定梢　原则上主蔓 30 厘米以下的芽全部抹掉。为了第 2 年丰产，花序不足时，应该在 30 厘米以下选留适当的花序。留梢量应根据品种、树势灵活掌握，一般原则是以产定梢。例如赤霞珠按每公顷 7.5 吨产量计算，每公顷栽 7500 棵，每株应产果 1 千克；穗重按 170 克计算，每株应留 6 穗果；每个新梢结 2 穗果，每株留 3 个结果梢即可。加上 30% 的保险系数，每株则应留 4 个结果梢。

(3) 摘心与绑梢　摘心从花前 1 周开始，主要是依靠主蔓延长梢长度摘心。梢头弯曲度小的，说明“没劲”，可适当晚摘心。梢头弯曲度大的，说明生长势强，应同时摘心；延长梢一般长 80 厘米左右，直立生长的可延长到 100 厘米，侧向生长的可缩短到 60~70 厘米，果穗以下的副梢全部去掉。穗以上副梢留 1～2 片叶反复摘心。按照第 1 年的摘心方法绑梢，可以改善透光条件，均匀结果，提高葡萄的产量，削弱新梢长势。新梢的绑缚多结合摘心、去卷须等工作进行。

（4）施肥　土壤追肥一年 5 次。第一次在萌芽前追肥，氮肥为主。第 2 次在花前追肥（花前 1 周），以氮、磷肥为主；第 3 次在幼果期施加氮、磷肥促进果粒膨大。第 4 次在上色期追肥，以钾肥为主。第 5 次，采收后追肥，以磷、钾肥为主。每株追肥 50～100 克。秋天的时候结合深翻扩穴施入基肥，每公顷 100 立方米，并适量施入一些过磷酸钙。

（5）病虫害防治　参照第 1 年管理进行。

（6）冬剪　延长梢直立生长的剪留 50 厘米左右，侧生的剪留 30 厘米左右，其他梢剪口粗度必须达到 7 毫米以上，剪留 10～20 厘米，然后浇封冻水并防寒。

4. 第 3 年及以后的管理　第 3 年的时候，葡萄园开始进入盛果期。这时要注意三个方面，即第一，病虫害防治做保障，预防为主，搞好病虫预测预报和综合防治；第二，连年增施有机肥，同时根据各生长期葡萄对肥料的需求及时追肥；第三，架面管理是重点，要加强夏剪工作，及时绑梢、摘心、去卷须，保证新梢旺盛生长，架面通风透光，合理负载。还要注意修剪枝叶，保证枝蔓的更新和架面立体结果。

二、提高酿酒葡萄品质的方法

（一）提高酿酒葡萄品质的意义

酿酒葡萄品质的好坏，直接影响到葡萄酒的质量。无论酿造工艺技术有多高，都无法弥补低劣葡萄酒的不足。现代研究认为，葡萄酒的质量70%在于原料即酿酒葡萄，30%才在于手艺。由此可以看出葡萄质量的重要性了。

以酿造葡萄酒为生的企业要想占领市场，就必须保证葡萄酒产品的质量。而企业的兴衰又直接关系到果农的利益。因此，果农必须保证葡萄的优质，企业才能提高葡萄酒的质量，葡萄酒的质量有了保证，企业才能更好地与果农合作，因此果农和企业的关系是息息相关，共同发展的。

（二）影响酿酒葡萄品质的主要因素

（1）品种因素　不同类型的葡萄酒使用的葡萄品种也不一样。葡萄品种优良特性的表达由所处的环境决定，有的适应性强，有的适应性弱。例如赤霞珠、霞多利在世界多数国家均表现出良好的生态适应性和典型的品种酒特性。有些则有“地域性品种”，离开适宜的土地，就表现不良。所以，提高葡萄品质的前提，要选择良好的品种，否则，再好的酿酒师也解决不了品种不好的问题。

（2）产地条件　一个地区要成为葡萄基地，首先要看它适合不适合葡萄生长，然后再确定它是否发展，这是基地成功的关键。品种只有在适宜的产地上才能发挥自己的特性。因此要选择适宜当地生长的葡萄。昌黎葡萄酒产业在发挥产地优势方面做了一些有益的工作，很多经验值得借鉴，“昌黎葡萄酒”也是国内葡萄酒行业首家获得原产地域保护的产品。

（3）栽培管理水平　品种确定之后，一定要提高主要栽培管理技术。只有根据品种的生物学特性，然后制订出合理的综合技术方案，认真实行，才能充分发挥该品种的特性，从而达到目的。

由上可以知道，品种特性、环境条件和栽培技术三者决定了葡萄品质的形成。

（三）提高酿酒葡萄品质的技术要点

根据影响葡萄品质因素的分析和试验证明，提高品质的途径是选择适宜的产地、选择适宜的品种和提高综合栽培管理技术水平三种。

（1）搞好葡萄品种与葡萄酒种的区域化　世界葡萄栽培多在北纬20°~52°和南纬20°~45°，不同的品种对外界环境条件的感受不同，因此不同的区域栽培不同的葡萄品种，不同的葡萄品种酿造不同类型的葡萄酒，这就是葡萄品种和葡萄酒种的区域化。在不同的区域内，其发育生理、成熟生理不同，最终质量也不同。长期栽种一种葡萄原料，形成相对稳定的成熟质量，用该品种酿造的葡萄酒就有独特魅力，成为该地品牌。

在一定的地理范围内，气候条件决定了葡萄的品种和葡萄酒的种类，不过，土壤条件使最终产品获得了特殊的个性。这也是为什么以产地命名的世界级名牌葡萄酒几十年甚至数百年畅销不衰的原因。

我国幅员辽阔，酿酒葡萄形成了几大栽培区域，例如宁夏、新疆、天津、辽南、山东半岛、河北北部等，各地根据本地的特点，发展有地方特色的葡萄品种，从而取得了相当不错的产地效益，各成一家。比如，山东青岛的莎当妮葡萄和华东莎当妮葡萄酒、河北昌黎的赤霞珠葡萄与长城干红葡萄酒、河北张家口地区的龙眼葡萄与长城干白葡萄酒、地王干红葡萄酒等。

（2）苗木选择　选择优良的品种，为了使品种的特性很好地表现出来，个体间的差异减少，所以选择用脱毒苗木。

（3）架式与栽植密度　酿酒葡萄采用的是单臂篱架和相应的整形方式。生产上面追求高产，因此往往采用的是双臂篱架。单臂篱架能够通风透光，限制产量，这样葡萄的品质才有保证。为了提高产量，要求适量的密植。但是，随着树龄的增加和产量的提高，要及时地疏松，应用修剪的方式控制留枝量。

（4）枝梢处理　抹芽、定梢、摘心和绑梢都属于树梢的处理，如果树梢处理得当的话，可以明显提高浆果的质量。

①抹芽、定梢。抹芽的时间是从萌芽开始，到花序为止。千万要注意，抹芽过晚，容易造成树体营养成分的流失。定梢则是依据树势和产量来决定，一般留梢不能太多。适量的定梢可以限制产量，还可以改善通风的情况以及浆果的着色和其他方面的提高。

②摘心。摘心要根据结果梢的长势，一般弱梢在花序上留5~6片叶摘心，强梢在花序上留6~9片叶摘心，主梢的副梢上留1~2片叶反复摘心。这样可以起到抑制营养生长的作用。

③绑梢。在摘心基础上实行“弓形绑梢”，也就是把梢头压低，让新梢呈现出“弓”字形，果穗处于位置较高的“弓”背部位。这样使营养生长向着生殖生长的方向转变，可以提高浆果的质量。

（5）土肥水管理　土壤比较差的必须进行改良。相对比较好的土壤也要进行基肥深翻熟化。施肥主要是以有机肥为主，追肥的时候主要以氮、磷、钾三要素的搭配和微量元素的补充。补充水分的时候，要注意控水，雨季的时候要注意排水。

（6）合理负载　酿酒葡萄的产量并不是说越高越好，只是追求盲目高产的做法是不对的。每一个产品都有一个产量限度，如果超过了这个限度，就会得不偿失。葡萄在不同的年龄阶段有不同的产量限度，如果超过了限度，那么提高产量就意味着降低浆果的质量。及时加强肥料和水分的情况下也是这样的。例如，修德仁等在河北怀来的多年试验结果显示，在肥料和水分充足的条件下，将龙眼葡萄含糖量提高3°，大约需降低产量50%。还有就是法国的AOC酒确定每公顷酿酒葡萄产6000升酒，折换葡萄产量为每公顷9000千克。但是在我国则是每公顷30吨以下，而以15~22.5吨为宜。

（7）适时采收　采收的时间对葡萄浆果质量影响很大，一个品种的品质特征，只有在特定的时间内才能表现出来，因此要根据不同葡萄品种的特征以及当地的气候，确定采收的时间，避免提前采收。

第三节 现代设施栽培葡萄

一、日光温室栽培

（一）品种选择

经过科研人员多年的试验和生产经验表明：葡萄种类的京亚、京秀、奥古斯特、86-11、86-12、87-1、无核白鸡心等早、中熟品种适合在日光温室进行栽培。

（二）栽植时期与密度

日光温室葡萄栽培制度主要有两种，一种就是一年一栽制，也就是种植一年，在收获果实后拔掉重新种植；另一种方法是多年一栽制，就是种植一次可以连续生产3年以上的果实。

1. 栽培具体时间

（1）一年一栽　一般新建的温室在4月上、中旬定植。对于那些已经生产过的温室，先将苗木装进编织袋或者塑料袋里面，然后露地培养，等到5~6月葡萄采收后，清园带土移植。

（2）多年一栽　一般都是在4月上、中旬开始定植。

2. 栽植密度

（1）一年一栽　一般在温室里面采取的是南北行向，实行双行带状栽植，带内小行距50～60厘米，大行距2.5米，株距40～50厘米。

（2）多年一栽　如果在温室内的话需要采用东西行向的小棚架栽植，株距50～60厘米，行距5～6米。

（三）整形修剪

1. 定植至扣棚膜　苗木定植萌发以后，在每株上面留一条生长健壮的新梢向前延伸。如果新梢长到30～40厘米的时候就要开始搭架引绑新梢了。到了8月，当新梢长到2～2.5米时进行摘心，另外要在顶端保留2～3个副梢，留2～3片叶，然后反复摘心，其他的副梢留一个叶片，然后反复摘心。秋天落叶后在每条主蔓上剪留1.5～2米。

2. 萌芽至果实采收

（1）抹芽　当芽萌发到花生粒大小的时候时，要将芽眼上长势不好的副芽除掉，保持中间比较肥大的主芽。

（2）疏梢定枝　当新梢长到3～5片叶时，保留那些生长健壮的、有花序的枝，摘掉那些生长瘦弱、没有花序或者是花序比较小的枝条。一般来说，两年生的葡萄主要是以每条主蔓上有5～7个结果新梢就可以了，其他的枝条就要摘除。对于多年一栽制的葡萄而言，要在每平方米架面保留10～15个结果新梢就可以了。

（3）引缚　当要结果的枝条长到30厘米左右的时候，要把长势强势的枝条引到枝叶较少的地方，对于生长比较弱的枝条不加束缚，使结果枝能够均匀地摆在架面上。

（4）疏花序、掐穗尖　在开花前10天左右要根据花序的多少和大小来决定疏除多少。一般情况下，弱枝上面不留花序，花序少的年份，在强壮枝上可以留两个，这样可以很好保证质量。掐穗尖可根据花序的大小决定，一般花序上的副穗一个不留。

（5）摘心　如果日光温室葡萄有一些花开了之后，就在结果枝的花序以上留5~6片叶，然后摘心，营养枝上留4~5片叶，然后摘心。新梢摘心后副梢上只保留最顶端的1~2个副梢，每次留2~3片叶反复摘心，其他的副梢一律不要。

除了上述的方法外，多年一栽制葡萄在整形的时候还需要其他的要求：

冬剪小棚架葡萄主要以龙干型整形为主，葡萄架面与棚膜间距应该在50厘米左右。主蔓上面的结果枝组之间的距离不能小于30厘米。每平方米架面上留12个左右结果母枝。

采收后，应立刻去掉塑料棚膜，整理架面，疏除过密枝。冬剪的时候以母枝修剪为主，留下2~3个芽就可以了。

（四）环境调控

1. 光照　为了增强室内的光照，在扣棚的时候要选用无滴膜。如果上面的灰尘太多，那么就要擦干净保证膜的透光度。如果是连续的阴天就要在温室里面铺设农用反光膜或者是吊灯补光。

2. 气体

（1）通风换气　温室里面要保证通风畅快。2月份以前，每天在上午10点到下午2点之前通风1~2次，每次30分钟。以后随着温度的增加加长每次通风的时间。当温室的温度为28℃时开始通风换气，降到23℃时关闭通风口。

（2）补充二氧化碳　补充二氧化碳的方法有很多种，比如多施有机肥、施固体二氧化碳和二氧化碳发生器等。

3. 温度

（1）休眠期　葡萄植株的休眠期一般是从落叶开始到次年的萌芽为止。11月上中旬开始，在温室里覆盖上塑料薄膜，然后再盖上草苫使室内不见光，温度保持在7.2℃以下、-10℃以上，这样既可以保证葡萄休眠时期的低温需求，也可以保证葡萄不受到冻害。

为了使葡萄提前萌芽，可以在12月中下旬用10%～20%的石灰氮液涂抹母枝上面的冬芽，这样可以使植株解除休眠，加温之后就可以提前萌芽了。

（2）升温后至果实采收期　1月上中旬一般是日光温室葡萄的揭帘升温时间，葡萄过30～40天之后就可以萌芽了。一般萌芽前的最低温度是5℃以上，最高温度在30～32℃；最适温度在10℃以上。白天的温度如果在28℃可以放风，开花的温度要控制在15℃以上，最适温度为18～28℃；果实着色期的温度则要控制在15℃左右，不能超过20℃，白天的温度控制在25～32℃，这样有利于果实的着色和含糖量的增加。

4. 湿度　温室的湿度随着葡萄生长期的不同要求不同。萌芽至花序伸出期，温室内相对湿度应该在80%左右；花序伸出后在70%左右；开花至坐果期在65%～70%，坐果以后室内空气湿度在75%～80%。

（五）花果管理

1. 提高坐果率　对于长势比较强的结果枝，要在开花期的前后在花序上部进行扭梢，提高坐果率。也可以在开花前，用0.2%的硼砂溶液喷叶片和花序，或在花后5～7天喷施葡萄膨大剂，这些都可以提高坐果率。

2. 疏穗、疏粒　落花后的10～15天根据坐果的情况进行疏穗。对于生长比较强势的结果枝，上面保留1～2个果穗，对于生长中庸的结果枝只保留一个穗果，对于生长势弱的结果枝一般不留果穗。第二年之后，每株二年生树的每条主蔓上都可以保留4～5穗果，多年生的葡萄每平方米保留5～8穗果就可以了。从落花开始算起15～20天后，根据坐果的好坏以及颗粒的多少及早疏粒，使较大颗粒品种每个果穗保留50个果粒左右，果穗重量在500～600克。

3. 着色　在控制产量和管理的前提下，可以在果实着色之前，对葡萄进行喷着色增糖剂、摘叶、环割等措施进行着色。

4. 采收　如果葡萄已经达到了该品种的固有风味，那么就可以进行采收。值得注意的是日光温室葡萄果实成熟期相对比较长，要分期采收，不能过早。

二、避雨棚栽培

避雨栽培就是在葡萄植株的顶部搭建塑料棚膜，这样可以防止雨水滴落到树体上，这是减少葡萄病害的一种栽培方法。

葡萄上面的很多病害都是通过雨水传播的，避雨栽培上面的塑料棚布能够很好地阻止雨水滴到树上，切断了病害的传播途径，这样可以减少病害发生。因为病害的减轻，喷药次数的减少，农药的污染也随着减轻了。

避雨栽培技术于20世纪90年代开始推广，目前，这项技术已经在我国南方的葡萄栽培上广泛使用。因为中部地区夏季高温多雨，所以也需要避雨栽培，从而降低管理上的难度，生产安全果品。

杨治元根据品种的抗病性、不同地区全年的降水量和果实膨大期—成熟期的集中降水量提出了葡萄避雨栽培的六大适宜区：西部内陆高原产区（包括四川、重庆、贵州），西南部产区（包括广西、云南），北方多雨区（包括华北、华东地区），长江三角洲东部沿海产区（包括浙江、上海、江苏），南部沿海产区（包括福建、广州、海南），中部内陆产区（包括湖南、江西、安徽、湖北）等。

（一）避雨栽培的作用和意义

水分是葡萄多种疾病传播的媒介，树体上的水分主要来自雨水和露水。降雨量大，能够给葡萄带来创伤，同时雨水会顺着伤口，把细菌和病毒带进伤口里面，完成侵染的过程。晴天的时候，天气潮湿，空气中的水，在树体的干、茎、叶、果实等器官表面上结成水滴，然后在水珠的作用下，进入植物的体内，造成伤害。因此避雨栽培不仅能够阻止雨水对葡萄进行伤害，而且能够遮挡露水在树体上面凝结，从根本上切断了病害的传播，减轻了病害发生的程度。

（1）减少葡萄病害发生的种类与程度　例如在黄河故道产区葡萄果实生长期内，6～8月是降雨量最大的季节，也是褐斑病、灰霉病、霜霉病、炭疽病、白腐病等发生与危害最严重的时期，尤其是白腐病和霜霉病，它们是造成果实腐烂，叶片早落的主要原因。导致这些病害流行的主要原因是降雨。如果采用了避雨栽培，膜可以保护葡萄树体不受雨水的浸湿，切断了病源的传播途径，有效地减轻了病害的发生。特别是在葡萄套袋的情况下，避雨防病效果最好，葡萄霜霉病、褐斑病等叶部病害消失不见。受到保护不受雨淋的叶子，一般不生病，而在避雨棚边缘被雨水打湿的叶片，则容易发生严重的病害。

（2）有利于生产绿色食品葡萄　黄河故道葡萄产区为了保证葡萄正常生长不受病害的侵染，每年需要喷近20次农药。即使在果实套袋的情况下也要喷15次药。但是如果安装了避雨栽培设施只需喷药10次左右，平均比露地栽培少喷5次药。

是否是绿色食品葡萄，取决于农药和化肥使用的多少。一般农药的使用量直接关系到果实是否符合标准的绿色食品问题。避雨栽培能够减少农药的使用次数和用药量，再加上果实套袋，因此，黄河故道果区的葡萄为A级绿色食品。

（3）提高经济效益

①提高产量。因为雨水的原因，每年至少有1/4的产量受到损失。为了减少这种损失，避免葡萄白腐病、炭疽病，部分果农不得不提前使用催化剂促进未成熟的果实成熟，提前上市。避雨栽培，能够很好地减少葡萄感染到病害，降低烂果率，从某种意义上来说，有效地提高了葡萄的产量。

②提高品质。用避雨栽培，叶片一般完整，叶片浓绿，功能齐全，能够很好地制造出营养成分来供应果实、贮存在树体，还能改善果实的品质，提高树体的抵抗性。

③防止裂果葡萄。裂果是葡萄园常见的一种病害，造成葡萄裂变的原因很多，主要原因是因为吸收的水分不均匀。因为雨季的时候，土壤的湿度比较大，这时候，葡萄的整个果实生长期水分供应不均衡，容易使裂果产生病变。避雨栽培能够很好地调节水分的供应，维持水分的平衡，从而达到预防裂果的目的。

④降低农药使用量和喷药用工。葡萄园的用药是一项十分繁重并且繁琐的工作，每年都需要花费大量的人力、财力和物力，来达到预防病虫的目的，保证葡萄的正常生长。避雨期 1 ~ 2 个月内，葡萄的病害减少，每年就可以少喷 5 次药，不仅减少了农药投入成本，也减少了用工投入成本。

（二）避雨棚结构与建设

避雨栽培是一种设施栽培的类型。一般是在植株的上面搭建避雨棚。因为葡萄架式与树形的不同，所以对于搭建避雨棚的材料和结构也不一样。如果葡萄树体高大、架面宽，那么需要的原材料要求也高，结构也要牢固。如果篱架由于水平架面较窄，那么避雨棚结构的要求也会相对简单一点。

1. 单干双臂“V”形架避雨棚结构与建设

（1）结构　单干双臂“V”形架葡萄避雨棚棚高 2.6 米，树干高 90 厘米，棚至高点距架面垂直距离 90 厘米，架高 1.8 米，棚跨度 2.5 米。由竹片、棚膜、棚柱、脊檩和拉丝构成。

（2）材料及用量　搭建单干双臂“V”形架葡萄避雨棚时，需要材料及用量为 10 厘米×10 厘米×3.1 米水泥柱 61 根，直径 6 厘米长 4 米杉木杆 55 根，10 号钢丝 600 米，宽 4 厘米、长 2.7 米竹片 330 根，直径 5 厘米、长 10 米竹竿 14 根，宽 2.8 米、厚 3 丝棚膜 20

千克，竹夹700个，压膜线1800米。

（3）建设

①棚柱。棚柱是水泥柱，高出地面2.5米，顶端是半圆形槽，这样是方便存放脊檩。或者用钢管、木棍代替，这时需要直径4厘米钢管230米或直径6厘米、长4米杉木杆61根。钢管或木棍栽入土中后，要用混凝土或沥青保护，保护层一般高出地面20厘米。

②脊檩。用铁皮把4米长杉木杆连接起来，然后放进棚柱半圆形槽内。或者选钢管焊接后抬放到棚柱半圆形槽内；如果棚柱为钢管，可以直接把葡萄行向焊接成脊檩。

③横梁。间隔一个棚柱，用竹竿在距柱顶端40厘米处，将葡萄的各行连接成一个整体。如果棚柱为钢管，可以直接在距柱顶端40厘米处把葡萄各行连成整体。

④拉丝。选择在棚柱两旁，距棚柱1.25米处横梁上，拉上一道钢丝，然后固定在横梁上。

⑤地锚。在距离边柱外侧1米远的地方，挖一个60厘米深的坑，然后埋入10千克锚石。用一根钢丝的一端拴在锚石上，另一端拴在棚柱上部距棚柱顶端10厘米处。

⑥竹片。在脊檩上，每隔70厘米就要横向放置一个竹片，中间两端则用布条绑在脊檩和拉丝上。

⑦棚膜。把2.8米宽棚膜盖到竹片上，顺着行向将它固定在两端的脊檩和横梁上，然后将两侧拉紧，用夹子固定到拉丝上。

⑧压膜。在棚膜上压膜线呈现“Z”字形走向，然后缠绕到竹片的顶端，并且压住棚膜，交叉成两道，成为“×”形。

2. 单篱架避雨棚结构与建设

（1）结构　单篱架葡萄避雨棚结构与单干双臂“V”形架避雨棚相似，由棚柱、竹片、拉丝、脊檩与棚膜构成。架高2米，棚高2.6米，单棚跨度减小到2米。

（2）材料及用量　每亩搭架的单篱架葡萄避雨棚，需要直径6

厘米、长4米杉木杆55根，10厘米×10厘米×3.1米水泥柱61根，宽4厘米、长2.3米竹片330根，宽2.3米、厚3丝棚膜16千克，直径5厘米、长10米竹竿14根，10号钢丝600米，竹夹700个，压膜线1200米。

（3）建设

①棚柱。棚柱是钢筋水泥柱，高出地面2.5米，顶端为半圆形槽，这样方便放脊檩。也可以用钢管或者木棍。规格为直径6厘米、长4米杉木杆61根，或者直径4厘米钢管230米。

②脊檩。用铁皮把4米长杉木杆连接起来，然后放进棚柱半圆形槽内。或者选钢管焊接后抬放到棚柱半圆形槽内；如果棚柱为钢管，可以直接把葡萄行向焊接成脊檩。

③横梁。间隔一个棚柱，用竹竿在距柱顶端40厘米处，将葡萄的各行连接成一个整体。如果棚柱为钢管，可以直接在距柱顶端40厘米处把葡萄各行连成整体。

④拉丝。选择在棚柱两旁，距棚柱1.25米处横梁上，拉上一道钢丝，然后固定在横梁上。

⑤地锚。在距离边柱外侧1米远的地方，挖一个60厘米深的坑，然后埋入10千克锚石。用一根钢丝的一端拴在锚石上，另一端拴在棚柱上部距棚柱顶端10厘米处。

⑥竹片。在脊檩上，每隔70厘米就要横向放置一个竹片，中间两端则用布条绑在脊檩和拉丝上。

⑦棚膜。把2.3米宽棚膜盖到竹片上，顺着行向将它固定在两端的脊檩和横梁上，然后将两侧拉紧，用夹子固定到拉丝上。

⑧压膜。在棚膜上压膜线呈现“Z”字形走向，然后缠绕到竹片的顶端，并且压住棚膜，交叉压两道。

3. 倾斜式小棚架避雨棚结构与建设

（1）结构　倾斜式小棚架，一般架根高1.2米左右，架梢高1.8～2.2米，架面宽4～5米，架和架之间相连并且没有漏处。通常情况下，倾斜式小棚架葡萄避雨棚结构，可以做成连栋式避雨棚。单棚结构由棚柱、拱杆、脊檩与棚膜构成。棚高3.2米，两棚连接处高2米，单棚跨度5~6米，2~5连栋，长度一般不超过50米。

（2）建设

①棚柱。脊柱高3.2米，边柱高2米，棚柱为直径6厘米钢管，栽入土中的部分需要用混凝土保护，一般高出地面20厘米。

②脊檩。使用直径6厘米的钢管焊接到棚柱顶端。

③横梁。一般情况下，横梁是在棚柱高2米处横向焊接，然后把各栋棚连成整体。

④拱杆。用管壁厚1.2毫米、直径2.2厘米的钢管做拱杆，拱杆之间的间距为75厘米。

⑤棚膜选择与固定。6丝厚无滴膜覆盖在架子上，然后用槽板固定在两边上，再用压膜带拉紧绑到钢管上。

（三）避雨棚的管理

1. 覆膜时期与揭膜时期的确定

（1）覆膜时期　黄河故道的葡萄产区，在7~8月期间为雨季，平均降水量占全年的40%以上，每天的平均气温高达26.2℃，这时候葡萄容易产生多种病害，所以要在7~8月的时候覆膜。有些年份，6月下旬进入雨季，但是并不影响覆膜的时间。

（2）揭膜时期　通过研究表明，最适宜的揭膜时期是在8月下旬。时间早的话，雨期还没有过，时间晚的话棚膜的遮光时间过长，容易对晚熟品种的果实着色、成熟产生影响。所以要等到9月后气温下降，降低病害的发生。

2. 棚的管理

（1）避雨期内棚膜的维护　在覆膜期间，如果降雨频繁，并且降雨的时候伴随着大风，这样很容易将棚膜刮起，也容易出现刮开棚膜、地锚线与压膜线松动、膜顶积水等问题，因此在大雨发生的时候要及时地处理和维护。

(2) 揭膜后棚膜的保存　黄河故道果区，几乎每年的最大风力为7~8级，因此建议使用0.3毫米棚膜，一年换一次，这样可以很好地防止棚膜老化透光性差、除尘、烂膜修补与贮存等一系列问题。如果使用的是0.6毫米棚膜，那么在使用前就要进行膜上、膜下的除尘工作，然后小心地操作，防止将棚膜拆烂。在干燥的地面上，把棚膜卷好入库，防止老鼠咬损以及偷盗。

(四) 避雨棚对葡萄生长的影响与应对措施

1. 光照强度

光照强度对避雨棚膜的影响见表5-5。

表5-5　2008年郑州地区不同天气情况下避雨棚膜对光照强度的影响

时间		光照强度(万勒克斯)			棚内外光照比率(%)		0.6毫米与0.3毫米棚膜比率(%)差值
日/月	时	0.6毫米棚膜	0.3毫米棚膜	露地	0.6毫米棚膜	0.3毫米棚膜	
26/8(晴)	8:00	0.043	0.044 5	0.065	66	68	2
	14:00	0.062	0.063	0.1	62	63	1
27/8(晴)	8:00	0.024	0.026	0.039	62	67	5
	10:00	1.44	1.48	2.6	55	57	2
	12:00	0.22	0.225	11	2	2	0
	14:00	0.129	0.124	1.88	7	7	0
29/8(阴)	8:00	0.64	0.65	0.94	68	70.7	1.3
30/8(雨)	8:00	0.067		0.097	69		
7/9(雨)	8:00	0.22		0.3	73		

续表

时间		光照强度（万勒克斯）			棚内外光照比率（%）		0.6毫米与0.3毫米棚膜比率（%）差值
日/月	时	0.6毫米棚膜	0.3毫米棚膜	露地	0.6毫米棚膜	0.3毫米棚膜	
7/9（雨）	10:00	0.75		1.1	68		
	14:00	0.049		0.096	51		
8/9（雨）	8:00	0.41		0.54	76		
	14:00	0.014 7		0.019 4	76		
9/9（多云）	8:00	3.1		5.7	54		
	14:00	0.168		0.178	94		
11/9（晴）	8:00	5		7	71		
平均值					59.93	65.13	5.20

注：棚内外光照比率平均值为舍去2和7两个最小数计算所得。

从表5-5可以看出，避雨棚内外光照强度平均比率，0.6毫米棚膜占露地的59.93%，0.3毫米棚膜占露地的65.13%。这说明棚膜对光照强度影响很大，因此要在生产上尽量缩短覆膜期。0.3毫米棚膜比0.6毫米棚膜光照强度平均比率高出5.20个百分点，说明0.3毫米棚膜对光照强度的影响比较小，因为0.3毫米棚膜的成本比较低，尽管它的使用寿命短，依旧建议使用0.3毫米棚膜为宜。

2. 大气温、湿度

表5-6　郑州地区2008年8月中下旬葡萄避雨棚内外大气温湿度的不同

时间		温度（℃）			湿度（H）		
日/月	时	避雨棚内	露地	温差	避雨棚内	露地	湿差
16/8	8:00	30	29	1	47	39	8
	14:00	32	32	0	45	35	10
18/8	8:00	23	22	1	80	85	5
	14:00	29	29	0	75	71	4
19/8	8:00	25	25	0	82	86	4

续表

时间		温度(℃)			湿度(H)		
日/月	时	避雨棚内	露地	温差	避雨棚内	露地	湿差
24/8	8:00	37	35	2	47	40	7
	14:00	29	30	1	68	68	0
25/8	8:00	28	28	0	73	75	2
26/8	8:00	24	22	2	75	80	5
	10:00	40	36	4	38	42	4
	12:00	32	32	0	67	62	5
	14:00	26	26	0	78	80	2
27/8	8:00	22	22	0	82	85	3
	10:00	34	34	0	51	46	5
	14:00	32	32	0	62	58	4
28/8	8:00	23	23	0	80	83	3
29/8	8:00	24	24	0	90	80	10
	14:00	30	30	0	57	60	3
30/8	8:00	23	24	1	85	67	8
31/8	8:00	20	20	0	65	68	3
平均值		28.15	27.75	0.40	67.35	65.50	1.85

由表5-6可以看出，首先避雨棚内的平均气温比露地气温高出0.4℃，两者之间的差距并不是太大。其次，避雨棚内空气平均湿度比露地空气湿度高1.85个百分点，两者之间的差距也没有太大，从而可以看出避雨栽培的防病作用不能从气温、湿度上面体现，而是因为它避雨水和露水的作用体现的。

3. 果实着色、成熟、新梢成熟度

①避雨栽培对于葡萄的影响比较大，例如，在避雨栽培的葡萄园中结出的果实着色期、成熟期都比普通的葡萄推迟5~10天（表

5-7）。避雨栽培的新梢的成熟度也比较差，有个别发育比较晚的新梢皮。

表5-7 2008 年郑州地区 10 个葡萄品种避雨栽培与露地栽培成熟期的差异

品种	成熟期		果实颜色	果实可溶性固形物含量（%）
	避雨栽培	露地栽培		
矢富萝莎	7月中旬	7月上旬	鲜红	12.0
京亚	7月中旬	7月上旬	黑紫	15.0
醉金香	7月下旬	7月中旬	黄绿	16.0
超藤	8月上旬	8月上旬	黑紫	11.5
秦龙大穗	8月中旬	8月上旬	先端粉红	12.5
玫瑰香	8月下旬	8月中旬	暗红	14.5
瑞必尔	9月上旬	8月下旬	黑	16.0
红地球	9月上旬	8月下旬	红	14.5
美人指	9月中旬	9月上旬	先端粉红	15.0
圣诞玫瑰	10月上旬	9月下旬	粉红	16.5

②造成以上结果的原因是因为棚膜容易遮光，使光照不充分。其次，葡萄叶面和棚膜的表面都覆盖了大量的灰尘。最后是因为负载量过大。

③针对以上原因采取的措施是先除尘。其次在恰当的时候要揭开膜。接着要使用透光性能比较好的袋子，果实在采收的时候要除袋上色。在果实着色期进入一定时期的时候要铺上一层宽一米的反光膜，这样可以很好地增加避雨棚里面的放射光量。然后要调整葡萄园架宽和行距之间的距离。例如，葡萄园中如果使用的是篱架，那么在设计种植密度的时候，可以让行距比常规的行距增加 30～50 厘米，与此同时，要把宽度适当缩小 10～20 厘米。这样可以有效地增加太阳的斜射光量，补充光亮不足。最后，则是要做好新梢架面上的分布，及时处理好副梢。加强地面管理，在果实着色时期，搞

好地面卫生，保证田间没有杂草，提高地面的发射光量。

根据观察显示，合理负载很重要。当树体出现负载量过大的时候，叶片的光合作用供应不足，特别是红地球葡萄，就会严重影响到葡萄的正常着色、成熟和新梢的成熟，而且树体会出现早衰现象，1～2 年难以恢复，甚至出现死树现象。

4. 根际土壤水分

①避雨栽培可能产生的影响是根际土壤可能出现短期的干旱现象。

②造成这种情况的原因是葡萄在避雨期间，雨水根本就不能落到树上，因此也不可能流到树行里面。

③采取的方法应该是将地面整理成行间高、行内低的地势，然后让雨水能够流进行内。也可以采取顺行浇水。但是如果遇到果实成熟的时候，一定要坚持到果实收完之后再浇水。如果这时候浇水的话，就会影响到果实的质量和贮藏性能。对于连栋大棚，则根据具体情况具体分析。

三、塑料大棚栽培

塑料大棚广泛地应用于我国各地，主要是用来促成栽培、延迟采收和避雨的栽培。它的优点就是透光设施好，坚固耐用，并且它的造价比较低，容易建成。缺点就是没有保温设施，散热比较快。

塑料大棚在发挥避雨作用的时候能够起到促成和延迟的作用，在生长期间不能满足晚熟葡萄品种发育的地区，可以延迟生长发育期，也可以使一些优质的晚熟品种充分成熟，大大提高了产品的商品品质和栽培效益。

大棚骨架建造主要有钢架结构、竹木结构或钢架竹木混合结构等多种式样。它的投资小、见效快，1～2 年就可以收回成本，是南北皆宜的经济设施类型。经过多年的应用，各地的结构都有了改进，有的利用多层塑料覆盖结构设计，可以保温，浆果可以提前半个多月上市；有的采用多棚连栋，可以有效利用土地和建材。

我国的大棚葡萄栽培，总结了我国近些年来的生产经验模式，也吸取了国外（如日本）的先进经验，因此在设施结构和栽培技术上日趋完善。

（一）塑料大棚的建造设计与配套设施

1. 大棚建造设计

（1）大棚方向　一般情况下采取南北延长设计建设，这样大棚里面的葡萄受光均匀，有利于其生长。个别情况下也有东西建造的，这时候，采光、通风相对比较弱一点。

（2）棚间距　南北延长的大棚，它两头的棚间距是脊高的0.8～1.5倍；东西两棚间距1.5～2米，这样可以充分地吸收阳光，如果不想浪费土地，那么可以在两棚之间留出宽度为6～0.8的米排水沟。

（3）面积　要根据大棚的建材结构、当地的气候条件、葡萄架式的选择和管理水平来决定大棚的面积。目前竹木结构的大棚单栋面积有1.0～1.5亩（有立柱）和钢架结构的以0.5～1.0亩（无立柱）居多。为了有效地提高土地的使用率，更好地方便机械化作业，因此单栋大棚面积有向更大发展的趋势。比较成功的是有的大棚中部设置粗钢管做立柱，大棚跨度达20米以上，同时在顶部放置了保温帘，这样可以起到日光温室的作用。

（4）长度　大棚的长度以50～60米居多。超过100米管理起来就不方便了。

（5）跨度　跨度为大棚两侧的间距，竹木结构的间距一般来说大于12米的居多，如图5-8。

常见的钢架棚为6～8米。如果棚体过大，容易受到风雪的破坏；如果棚体过小，那么土地的利用率就会降低，单位面积内造价

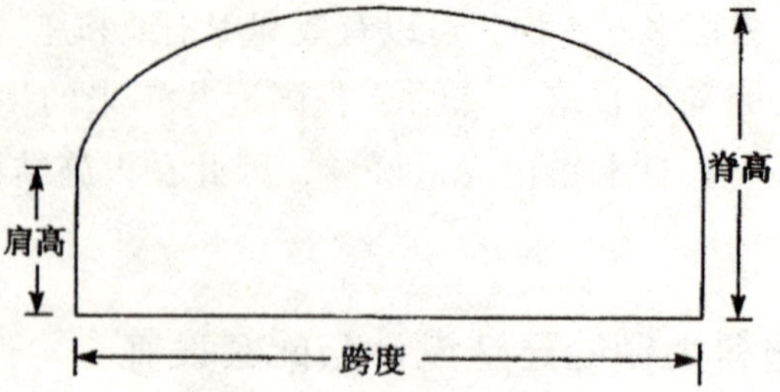

图 5-8 大棚结构示意

也会增高。

（6）脊高　脊高是大棚最高点距离地面的距离。脊高要适中，如果太高，荷载的要求也会过高，保温就会差点；如果过低，就会影响透光，不利于通风降温。一般情况下，竹木结构的脊高为 1.8～2.2 米，钢架结构的脊高为 2.8～4.5 米。

（7）肩高　肩高就是大棚两侧的高度，一般为 1.2～1.8 米。如果肩高过矮，那么大棚边长出的葡萄就不能很好地伸展开来，使用的面积就不得不往棚里面收缩，容易造成土地资源利用不合理，并且容易影响棚内的自然通风和工作人员作业。如果肩高过高的话，容易增加载荷量，脊高的大棚，肩高设计也相应高了一些。

在大棚的设计方面，现在出现了一个新的类型，就是如果设施表面覆盖保温材料型塑料大棚。就要求结构里面设计了支柱，桁架安装密度更大，在两端采用了砖混结构取代传统的钢筋结构。设计上，脊高、肩高及跨度等指标可以加大，为了方便覆盖保温材料，还要安装卷帘机等辅助设备。通过这种设施生产的葡萄，往往在产期上面调整幅度，处于日光温室与大棚之间，经济效益较高，并且在北方冬季的时候可以简化防寒。

2. 大棚配套设施

（1）立柱　是大棚的主要支柱，能够承受棚架、棚膜的重量以及雨、雪、风的负荷。一般立柱埋置的深度为40~50厘米。

（2）拱杆　它主要是决定大棚的形状和空间，以及支撑棚膜的作用，一般拱杆之间的距离为0.8~1.2米。

（3）拉杆　主要是用来在纵向连接立柱和拱杆，这样可以使大棚骨架成为一个整体。

（4）棚膜　可采用PE膜以及0.08~0.1毫米的EVA膜或者0.1~0.12毫米厚的PVC膜。大棚覆盖材料主要有以下几种：

①普通膜。以聚氯乙烯或聚乙烯为原料，无色透明，膜厚0.1毫米。使用寿命为半年。

②多功能长寿膜。多功能长寿膜是在聚乙烯吹塑过程中加入了防老化料和表面活性剂制成。浙江省新光塑料厂生产的多功能膜，宽幅7.5米、厚0.06毫米，使用寿命比普通的膜长1倍，在夜间的时候，棚内的温度比其他的材料高出1~2℃。并且膜内不容易结水滴，覆盖的效果好，成本低、效益高。

③草被、草扇。使用稻草编织而成，保温效果好，是夜间的保温材料。聚乙烯高发泡软片是白色多气泡的塑料软片，宽度大约为1米、厚0.4~0.5厘米，轻盈，保温性能和草被一样。

④无纺布。无纺布是一种涤纶长丝不经织纺的布状物，分为黑、白两种，并且有不同的密度和厚度，常用规格50克，主要的作用是保温和遮阳。

⑤遮阳网。它是一种塑料织丝网。一般有黑色和银色两种，并且有不同的密度规格，各种规格的遮光度也不一样。主要的作用是夏天的时候遮阳遮雨，冬天的时候保温覆盖。

（5）压杆　扣上棚膜之后，在两根拱杆之间压一根压膜线，然后使棚膜绷平压紧，压膜线的两端就固定在大棚两侧的“地锚”上，压膜线也叫作“压杆”。

（6）门窗　门设在大棚的两端，窗户则在顶部或者是两侧。

（7）天沟　连栋大棚要在两栋大棚的接连处设置天沟，主要的作用是排除雨、雪、水。

（二）塑料大棚的结构

我国各地生产上使用的大棚，大多数是单拱圆形骨架结构，主要有以下4种类型：

1. 竹木结构大棚　主要由立杆、拱杆、拉杆、压杆组成，架上覆盖塑料薄膜而成。通常南北延长，宽8～12米，长30～60米，中高1.8～2.5米，边高1米，每栋面积0.3～1.0亩。以竹木为材料，因为取材方便，简陋易操作，成本低，缺点就是竹木容易腐朽，使用的年代短，遮阴面大，不容易操作。

2. 混合结构大棚　棚的结构与竹木棚的结构类似。为了坚固棚架，节约钢材，可使用竹木拱架和钢筋混凝土互相结合，也可以钢拱架和竹木或水泥柱相结合。从而达到用钢材量少，取材方便，结实耐用，改善作业条件的目的，缺点就是造价高。

3. 钢结构大棚　棚的结构与竹木棚的结构相同，但是大棚骨架是用轻型钢材连接。大棚的跨度一般10～15米，高度2.2～2.5米，拱架间距以1.5米左右。材料坚固，立柱少或者没有立柱，根据钢材的型号和焊接的方式可分为单梁拱架、双梁拱架或三角形拱架等。

此大棚的抗风雪能力很大，光照充足，操作方便，可以机械作业。但是一次性投资较大，对材料质地和建造技术要求较高，还需要防锈维修。

4. 组装式钢管结构大棚　使用镀锌薄壁钢管配套组装而成，在工厂进行标准化生产，我国的生产类型为6米、8米、10米等。主要是由热镀锌薄壁管制成，不易锈蚀，使用时间为10～15年。在我国已有20余种已定型产品，例如中国科学院石家庄农业现代化研究所设计的GPG系列大棚、中国农业工程设计研究院设计的GP系列大棚。它的特点是规格标准，结构合理，坚固耐用，外形美观，但是造价较高，农民很少采用。

实际上，广大的劳动者还创造出了很多适宜生产、节约成本的结构，比如玻璃钢结构、钢筋竹木混合结构等，也有为了促进成熟，再在大棚内支立小拱棚提高温度。随着大棚的应用，未来的塑料大棚将向提高光能利用率、提高保温效果、高效水肥管理的结构与模式发展。

（三）架式和密度

大棚和大棚之间的空间比较大，南北方都可以使用，因此适宜的架式也很多。

1. 单臂篱架　每一行都设立一个与地面垂直的架面，架高根据行距而定。行距 3 米以上时，架高 2 ~ 2.2 米；行距 2 米时，架高 1.5 ~ 1.8 米；行距 1.5 米时，架高 1.2 ~ 1.5 米。

设立的方法是每隔 4 ~ 6 米设一根立柱，边柱用坠石固定。立柱需要埋入土内 50 ~ 60 厘米，然后横拉铁线，第一道高出地面 60 厘米，每 50 厘米拉一条铁线，然后把枝蔓固定在铁线上。

2. 双臂篱架　葡萄长在中间，在同一行内设立两排单篱架，把葡萄的支架引缚在两边篱架的铁线上。这种篱架顺行每隔 4 米左右，在植株的两侧 40 厘米左右立水泥柱，架柱向外倾斜与地面成 75°，上宽下窄，铁线拉法同单臂篱架。

好处是可以有效地利用空间，比单臂篱架增加了一倍的架面，可以提高产量。缺点是通光性不好，管理不好，容易造成减产，不方便机械作业，成本比较大。

3．单、双臂混合篱架　有的大棚设计的时候，两侧的肩高不一样，不到 1.2 米，如果两侧也用双臂篱架管理不方便，因此可以两侧采用单臂篱架，中间采用双臂篱架栽植（图 5-9）。这样可以种植苗木 800 株左右，第二年产量达到 1500 千克左右。

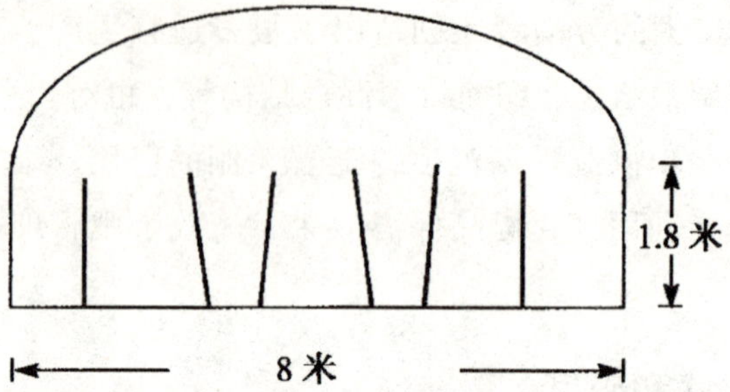

图5-9　大棚单、双臂混合篱架

4. 双向倾斜式小棚架　对于跨度在 4～7 米的大棚，可以使用单臂篱架、双臂篱架或单、双臂混合篱架，也可以选用倾斜式小棚架。它一般是采用对向式与反向式两种设计（图 5-10、图 5-11），栽植 2 架。株距 60 厘米，亩栽植 400 株左右。不仅能够合理地应用空间，也可以方便管理，不过一般第三年进入丰产期。

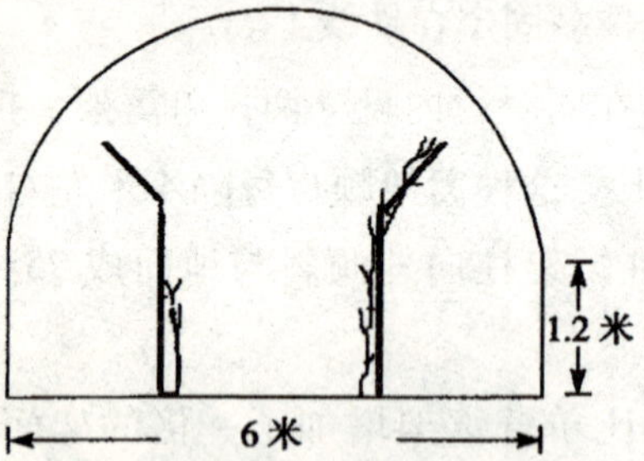

图 5-10　大棚外向斜式小棚架

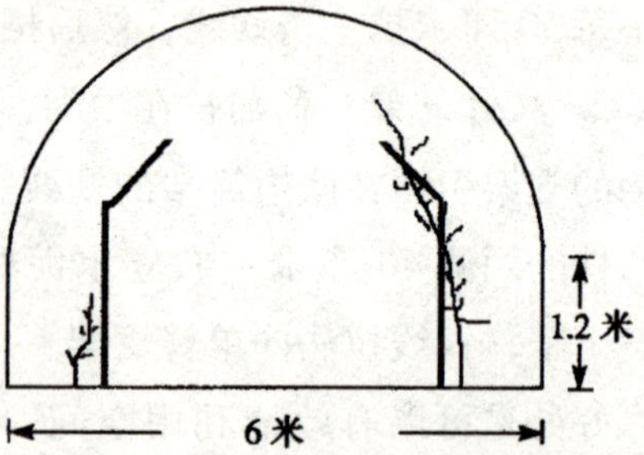

图 5-11　大棚内向斜式小棚架

5. 水平棚架　水平棚架采用"一"字形、H 形及 Y 形整枝，距离地面 175～185 厘米。它可以开展大行距栽植、大树冠整形（图 5-12）。

它里面的树体主干175～185厘米，呈水平。这样的树形方便管理。单位面积内的植株数少，能改良土壤，减少客土的工作量。

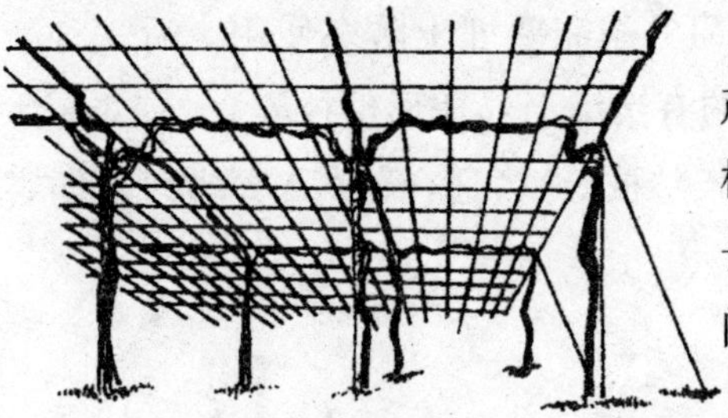

图5-12 大棚水平棚架

水平棚架整枝系早期的丰产性差，因此可以考虑移植植株的方法弥补早期产量，树体长到一定程度，再逐年适当间伐。

6. 改良水平棚架 改良水平架是一种新架式，采用“一”字形整形，距离地面175～185厘米。植株主干高度145～155厘米，主蔓距离棚架棚面30厘米左右。新梢的前端倾斜分布；枝蔓Y形整形，果穗也沿着倾斜段生长，然后呈水平分布（图5-13）。这种架式有利于葡萄的前期生长，也易于管理。

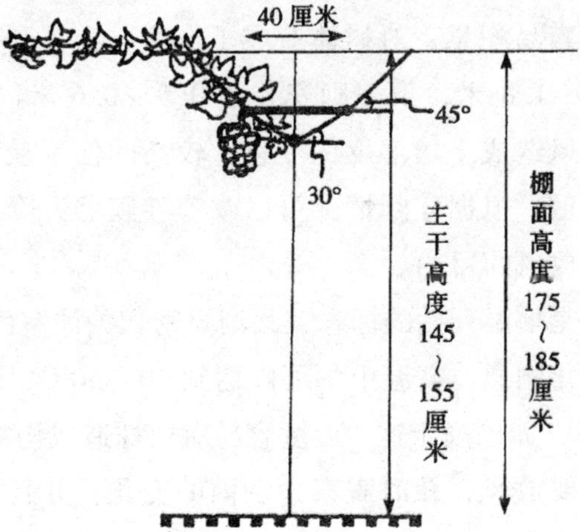

图5-13 改良水平棚架

7. V形篱架 一般跨度8米的大棚，栽植3～4架，跨度6米的大棚，栽植2架。

前4种架式树形都是独龙干整形，基本无主干，枝蔓直接结果，易于下架防寒操作，主要是葡萄冬季需要埋土防寒使用。后3种架式树体有主干，并且主干上有的有次级干（H形整枝等），有些有主蔓（“一”字形整枝及V形篱架整枝等），适合葡萄冬季非埋土防害越冬地区采用。

（四）大棚内的温度调控

大棚内一般没有增温的设施，完全依靠自然光辐射提高室内的温度，诱导葡萄生长发育。日照长度及葡萄生长发育各阶段温度等指标与露地基本相同，花芽分化条件足够，连续丰产性强，温度调控的技术也比较简单。

联栋大棚的部分有应用，它的设备除了侧面放风外，上部还设置了放风的通道，跨度大于8米的单栋大棚也设置了放风通道。高温的时候热量容易积累，对树体造成了伤害，为了利于通风，大棚的设计在1.5～1.8米，下部则安装了0.5～0.6米高的塑料裙围，从而避免了放风造成土壤湿度的变化。较高的位置最大形成1.0米左右宽的通风道，根据实际情况可以改善卷膜器升降控制通风口宽度，从而达到放风的目的。

大棚封闭是增温开始的标志，此刻要密切关注室内温度的变化。大棚的温度变化剧烈，高温中午可以达到40～50℃，葡萄的合理温度为25～30℃，如果高于这一温度容易对植株造成伤害。根据经验，高温来临之前要放风，及时观察大棚内的变化，并且根据实际情况控制放风量的大小。

（五）大棚冬季温度日变化特点及防寒

沈阳市林业果树研究所对沈阳地区的大棚内温度变化调查表明，

冬季1月份日最高气温可达20℃，夜间最低气温可达-20℃，温度波动大，葡萄越冬休眠不彻底。通过对沈阳地区的大棚内不下架防寒的巨玫瑰葡萄越冬冻害调查发现，冻害严重。因此可以看出北方的大棚需要保温。因为大棚里面没有保温覆盖物，温度的变化也剧烈，晚上温度低，白天高，出现大于7.2℃的温度，温度处于大幅度波动状态，葡萄的根系休眠不彻底，影响葡萄休眠。

1. 埋土式防寒技术　在天气寒冷的地区，环境设施不能保证葡萄越冬，因此要采用传统的埋土式防寒方法。

(1) 防寒时间　防寒的时间很重要，不能太早也不能太晚，因此要在当地的设施内土壤冻结前1周进行。这样可以提高植株的抗寒锻炼，增加它的抗寒性，也可以防止土温过高，湿度过大，滋生枝蔓和芽眼。解冻的施加在晚霜结束前后。

(2) 操作方法　把葡萄枝蔓从架上取下来，顺着它自然生长的方向将枝蔓压倒放平，捆绑，放平后，现在枝蔓上覆盖一层隔离材料，彩条布、塑料都行。然后浇透水用土埋。在这过程中动作要轻缓，避免树枝折断。埋土要均匀、拍实，不要留下缝隙。埋土厚度和宽度规格各地要求不同。在沈阳地区，大棚葡萄防寒土厚度为20～25厘米，宽度为60～100厘米，其他地区可以参考。

2. 设施葡萄防寒方法　葡萄越冬的时候需要相对稳定的环境，因此在害冷的地区，日光温室及大棚等设施都要充分的考虑越冬防寒的问题。

(1) 日光温室葡萄防寒方法　日光温室葡萄主要是采用覆盖保温材料的方法御寒。首先在秋季温度上升一周左右修剪葡萄，葡萄修剪完之后，树体不下架，充分灌水，然后在设施上覆盖棚膜、保温被或者草帘等保温材料，如果没有特殊的要求，则要覆盖到升温的时候，这样就可以到达保温的目的。

日光温室覆盖防寒方法的优点就是葡萄的树体不需要上下架，

所以不会对树体造成损伤。对于冬季没有覆盖保温材料的日光温室，则应该参考大棚防寒。

（2）大棚葡萄防寒方法　大棚葡萄防寒方法是在葡萄需要埋土防寒的区域，按照露地葡萄越冬法进行。可以简化御寒的方法，即可以将防寒土的规格缩小。对于有纸被和保温被等保温材料覆盖的大棚，则可以通过覆盖保温材料的方法进行防寒越冬。

第六章

葡萄的树体管理

第一节 主要树形及整形修剪

一、葡萄的主要树形

（一）多主蔓自然扇形

植株基部一般都有 3 ~ 5 个主蔓，每个主蔓上面则分生着侧蔓或者直接着生结果枝组，所有的枝蔓在架面上的形状都是扇形。

多主蔓自然扇形的葡萄因为主蔓比较多，一般不会形成粗壮的枝干，因此在进行冬季埋土的地区，比较方便，植株的更新也比较容易。负载量容易调节，结果也比较晚。它的缺点就是：结果的部位比较低，容易产生真菌性病害，而且新梢直立生长的时候，需要及时地引缚，因此比较费工夫，容易遮阴，浆果的质量也比较差。

（二）龙干形

在地面上培养出一条主蔓，架在架面上。通常主蔓没有侧蔓，每隔 20 ~25 厘米配置一组结果枝组。每年冬剪的时候，剪去顶端延长蔓，当延长蔓铺满架面时，则要回缩到架面的顶端。其余的结果枝则是在一年生枝过密的地方疏除，留下的均留 1 ~2 个芽短截。全株留一个主蔓称为独龙干，留 2 个主蔓的称双龙干，留 3 个以上主蔓则称为多龙干。使用短梢或极短梢修剪，用来作为来年的结果部位。

这种树形可以密植，从而提高产量。利用短梢修剪能够使果位紧凑，保持稳定的树形，因此，产量和果穗质量易保持稳定，通风透光性能好，整枝技术也容易掌握，缺点就是树形固定，当主蔓或枝组受到损失后不易弥补，容易出现脱空的现象，枝芽留量伸缩性小。

(三) T形

按照两主蔓高低不同分为单干双臂水平型和单干双臂互补型两类。

(1) 单干双臂水平型　在苗木定植以后，选择两个健壮的新梢作为主蔓，也可以选择离地面 30～40 厘米处摘心促进副梢生长为主蔓，当主蔓长到大约 1 米时摘心并且固定在第一条铁丝上，在冬剪的时候，留下 0.5 米左右作为结果母枝。

(2) 单干双臂互补型　它的主蔓长为 1 米的时候要摘心并把它引缚在第一条铁丝上，另外一条主蔓则继续生长，超过 1.5 米时摘心，将其引缚在主蔓另一侧的第二条铁丝上即可。

T 型整形的好处是能够使结果的部位集中，形成一个集中而且紧凑的果穗区，这样方便管理，也方便采收。并且能够保证葡萄的质量。使用这种树形的葡萄含糖量比较高，比其他的架形高出 1.0%～3.7%，从而提高了果实的品质。

(四) 干字形

它属于单干双臂树形的发展，一般主干高 100 厘米左右时选择第一主蔓，第二主蔓则高 130～170 厘米。根据主蔓的高度，在第一层和第二层拉一道铁丝，在第二层的铁丝之上 30～40 厘米处拉第三道铁丝。在干臂上每20～30厘米配备一个结果部位，可以使用短梢修剪。

具体的树形如下：先培养出两个主干，或者是栽双株于一穴，然后在第一和第二道铁丝上伸出双臂，再在它的上面分化出结果的部位。新梢按照习惯向上生长，因此需要捆绑。在北方容易受冻害的地方，就是采用的这种树形。它的结构就是双层间的距离比较大，上层主干离地面有180厘米，下层离地面仅30厘米。下层每年要埋土过冬，上层的芽眼在受到冻害的时候，由下层枝蔓获得部分产量。

二、葡萄的整形修剪

葡萄的整形与修剪是实现一年建园、二年挂果、三年丰产的目的的一种关键技术。修剪的目的就是使植株保持一定的外观形状，并且调整它的营养生长和生殖生长的关系，然后使它正常地生长和结果。

（一）整形的作用

①在生产的过程中，通过人工整形，可以塑造出合理的骨架结构和形状，从而合理利用架面空间和光能，达到丰产和稳产的目的。

②能够调节营养的运输和分配的关系，促进树势的平衡。

③能够调节营养生长和生殖生长的关系，从而使它丰产稳产。

（二）多主蔓扇形树形整形修剪

第一年苗木栽植成活后，当年就要培养出2～3条长势接近的主蔓。定植苗木在1～2年培养三条长势均匀的主蔓比较困难，因此要在一个定植坑内栽种2～3株苗木则可。定植的株数按照架式和树形决定。如果苗木充足，为了加速成形和提前结果，可以种植2~4株，把苗木引到主蔓上，当年就培育出2~4条主蔓，并呈45°角压弯上架，完成双臂单篱架或双臂架上的多主蔓扇形树形的栽培任务。

如果发现一条主蔓长势太弱，则可以冬剪时留2~3幼芽重截，第二年再培养。或者选用长势非常旺盛的基部，用刻芽方法使其长出萌蘖枝增补主蔓。新梢长到1~1.2米时，留0.8~1米进行摘心，促进枝条粗壮，对它的副梢进行处理，去掉顶部1~2个副梢，其余的副梢留一片叶子摘心或待第二次副梢长出后再留一片叶子摘心，并去掉第二次副梢的幼芽，这样可以使副梢叶龄小，有利于光合作用。如果叶幕太厚，则可以在8~9月份去掉老叶，改善光照条件，冬剪的时候，除对粗壮、充实的主蔓按架面要求留0.6~0.8米，其余副梢一律剪除。

第二年要补齐主蔓和培养结果母枝。早春的时候，把上年选好的主蔓基部压弯，按照40~50厘米间距，引绑在第一至第二道铁丝上，当主蔓上萌芽和抽枝后，按照要求在主蔓的两侧，每间隔20厘米左右，选粗壮的新梢作为下一年的结果母枝。选主蔓顶端粗壮的新梢摘掉花序作为延长枝，其他的新梢选粗壮的留1~2个花序结果，中庸枝剪掉花序，过密和细弱枝疏除。夏剪的时候则按照树形，土蔓上延长枝达第三至第四道铁丝时摘心，其他的新梢则按照培育结果母枝要求，在8~10片叶子处摘心。新梢按照花序下的副梢从基部抹掉，花序上的副梢除顶端1~2个副梢留3~4片叶子反复摘心，其余的副梢均留1~2个叶子摘心，去除腋芽，防止再生。冬剪的时候，则是按照树形的高低进行剪截，其他的则按照空间大小处理。一般一条主蔓上每米长留3~4个结果母枝，每个枝组则留2~3个母枝。

生长期超过180天并且土层较厚，肥水比较好的地方，采用的是高立架的大扇形，每年的主蔓可以延长到50~60厘米摘心，促进副梢的生长，也可以用副梢培育结果母枝，一年顶两年用，两年就可以完成一个整形。

第三年的时候，对主、侧蔓选好延长枝，继续扩大树冠和培育结果枝组。春季的时候，抹芽、定枝调整新梢的密度。冬剪的时候，主侧蔓的延长枝，按照架面的大小进行剪裁，其他的枝条按照结果枝组的空间剪留。春天的时候，对于上架的延长枝弯曲引绑，促进结果。可以使用中、长、短梢修剪。从而使叶幕厚度适宜，通风透光，树体长势均衡。三年完成多主蔓扇形树形篱笆、架上培养的任务。以后每年调整架面枝叶空间，控制叶层的厚度，更新结果枝组，从而保证植株进入盛果期，结出高产、优质的果实。

（三）龙干形整形修剪

1. 第一年修剪

（1）夏剪　定植成活后进行抹芽。当芽长到1~3厘米时，留1个较大而扁的饱满芽眼，其余全部抹掉。等到芽长到4~5叶时进行定枝，选择靠近基部的1个新梢进行培养，其余的枝条全部疏掉。新梢长到30厘米时，用麻绳、马蔺或稻草把蔓绑结实，以防风折。绑蔓时去卷须，防止交叉缠绕和浪费养分。新梢向上生长的同时，每个叶腋间会长出副梢，副梢长出2~3片叶时摘心，新梢长到1.5米以上时摘心，摘心后再长出的副梢，留2~4片叶摘心，反复摘心直到叶落不长为止。例如，河北唐山地区主蔓摘心时间不得晚于阳历8月10日，未长至1.5米高度的细弱苗也应摘心。

（2）冬剪　在落叶2周后开始修剪，严禁在伤流期修剪。把树体所有的副梢剪掉，高度不能超过1.5米，未生长至1.5米的苗木，修剪至葡萄枝条成熟部位（枝条变成棕褐色为成熟）。

2. 第二年及以后修剪

（1）夏剪

①抹芽。抹芽要经过几次进行。一般来说留饱满芽，去瘦弱芽；留有果穗的芽，去无果穗的芽；保留早萌发的芽，抹去晚萌发的芽；留下部芽去上部的芽；留主芽去副芽。抹芽要及时进行，尽量减少营养的消耗，基部30～40厘米以下的芽全部抹掉。当温室里面的葡萄芽膨大、萌动到1厘米左右时，在芽眼的位置选择一个健壮的主芽，其他的细弱芽去除。

②定枝。定枝的时间是在大部分的新梢长到4～5片叶，新稍叶腋间明显长出花序。定枝的时候要及时去掉架面上的枝条、生长势强的竞争枝、徒长枝、夏芽副稍等无效枝。保证架面通风透光，节省营养，25厘米左右1个枝条，一般1个枝条1串果，1株上面不超过5穗。如果花穗比较少的时候，可以在健壮的枝条上留2个果穗。

③摘心。摘心一般在开花前一周或初花期，根据叶数采取摘心。摘心的目的是为了阻止新梢的生长，促进花序生长、开花，有利于提高坐果率。大棚里的葡萄要早摘心，花序以上留5～8叶片摘心，无果穗新梢留4～7片叶摘心，主蔓延长蔓一般留8～15片叶摘心只留顶端1个夏芽副梢，留3～4片叶反复摘心，保持架面的通风透光。其余的叶腋间长出的副稍及冬梢全部抹除，直至葡萄采收完为止。

（2）冬剪　从落叶开始到设施升温前都可以进行。一般在萌芽前修剪结束。如果修剪晚了，容易产生伤流，影响生长和结果，对结果枝进行中、短梢修剪，主蔓延长枝留取10～15芽的长稍修剪即可。

（四）T型树形的整形修剪

1. 第一年修剪

（1）夏剪　定植成活以后进行抹芽定枝，只留下2个长势健壮的芽体，其他的全部抹掉。等到芽长到4~5叶再定梢。选择靠近基部的1个新梢进行培养，其余枝条疏掉。当新梢长到40厘米时，就要对主蔓进行摘心。选择顶端比较旺盛的2个副梢作为主蔓，下部其余的枝蔓均除掉，当2个主蔓长分别长至1米摘心，水平左右引缚。这种方法就是单干双臂水平T型整形；单干双臂互补型与其不同的是，它的主蔓长为1米的时候要摘心并把它引缚在第一道铁丝上，另外一条主蔓则继续生长，超过1.5米时摘心，将其引缚在主蔓的另一侧的第二条铁丝上即可。副稍处理同龙干形。

（2）冬剪　双臂留取长度为0.8~1米，其他副稍全部去掉。

2. 第二年及以后修剪

（1）夏剪　两臂主蔓每隔10~15厘米留一个结果枝，其余两臂枝条留4~5片叶摘心，单株留果量要有6穗以上，一般1个枝条1串果，两臂过于紧密的枝条要去掉。除了两臂以上的芽体，其他部位全部去掉。其他夏剪管理同龙干形。

（2）冬剪　无主蔓延长枝修剪，修剪同龙干形。

第二节 葡萄生长期的树体管理

（一）抹芽与定梢

抹芽就是在芽已经萌动，但是还没有伸展开叶子的时候，对萌芽进行有选择地去留。如果在新梢长到15~20厘米、已经可以分辨出有没有花序的时候，对新梢进行选择性的去留叫作定梢。

抹芽和定梢是决定果实品质和产量的一个重要作业，也是进一步调整冬季修剪量的一个要求。

葡萄冬季修剪量很大，能够刺激枝蔓上芽眼的萌发，产生较多的新梢，从而造成新梢树体通风透光太差，而且分散营养物质，使新梢的生长受到影响，从而造成坐果率低和果实质量不好。通过抹芽和定梢可以调整和整理树体内的营养情况和新梢的生长方向，从而使营养物质流向新梢。通过巨峰葡萄抹芽的试验表明：4月份抹芽程度为50%时，6月份新梢的生长长度约为80厘米以上，对没有处理抹芽的，新梢生长为50厘米，由此可以看出抹芽能够促进新梢的生长。另外通过抹芽和定梢可以减少不必要的枝梢，改善架面上新梢的合理分布，改善树体通风透光的能力，从而提高坐果率和果实品质。

1. 抹芽　一般抹芽分两次进行，第一次抹芽的时候是在萌芽初期进行，主要把主干、主蔓基部的萌芽及三生芽、双生芽中的副芽和已经决定不留梢部位的芽去掉，遵循的原则是稀处多留、密处少留、弱芽不留。第二次抹芽是在第一次抹芽之后的 10 天，主要抹去无生长空间的夹枝芽、靠近母枝基部的瘦弱芽、部位不当的不定芽以及萌芽较晚的弱芽。抹芽后要保证树体的通风透光性。

2. 定梢　定梢主要决定枝果比和产量、植株的枝梢布局，从而使架面上达到合理的留枝密度。定梢一般是在展叶后 20 天左右开始。这时候，新梢已经长了 10～20 厘米，可选留带有花序的粗壮新梢，除去密枝和弱枝。

留枝的多少根据修剪因素和新梢在架面上的密度确定，一般定梢量是母蔓上每隔 10～15 厘米留一新梢。篱架每平方米架面（V 形、Y 形）留 10～12 个新梢。棚架上每平方米留 10～15 个新梢。整体的结果枝和发育枝的比是 1∶2。坐果率高、果穗大的品种，一般每亩留 4000～5000 条新梢。

规定定梢量的前提是“五留”和“五不留”：留花不留空（指留下有花序的新梢），留顺不留夹（指留下有生长空间的新梢），留早不留晚（指留下早萌发的壮芽），留肥不留瘦（指留下胖芽和粗壮新梢），留下不留上（指留下靠近母枝基部新梢）。

（二）新梢摘心

葡萄结果蔓在开花的前后生长迅速，消耗大量的营养，影响花器的分化和花蕾的生长，引起落花落果。因此要摘心，促进花芽分化，抑制顶端生长，增加枝蔓粗度，促进营养成分流进花序，促进花序的发育，提高坐果率，加速木质化。

1. 结果蔓摘心　结果蔓摘心的最佳时间是开花前 3～5 天或初花期，去掉小于正常叶片 1/3 大的幼叶嫩梢。花前 10 多天在花序前留 2 片叶摘心，主要是促进花序发育、花器官的完善。第二次摘心去除前端副梢留 1 叶或抹除，把营养成分供给花序坐果。

巨峰葡萄结果新梢摘心操作：强壮新梢在第一花序以上留 5 片

叶摘心，中庸新梢留 4 片叶摘心，细弱新梢疏除花序以后，暂时不摘心。坐果率很高的康太、黑汗等，则不摘心。坐果率尚好、通常果穗紧凑的红地球、秋红、无核白鸡心、藤稔、金星无核可摘可不摘。

2. 营养蔓摘心　营养蔓是指没有花序的蔓，在不同地区因为气候等原因的不同，摘心的标准也不同。根据生长期时间的不同，摘心的数目也不一样。生长期少于 150 天的地区，8 ~10 片叶时可摘去嫩尖和 1 ~2 片小叶。生长期 150 ~180 天的地区，15 片叶左右时摘去嫩尖 1 ~2 片小叶；如果营养梢的生长太强，则提前摘掉副梢结果母枝。生长期大于 180 天的地区，分为以下几种摘心方法：

①对于生长期长的干旱少雨的葡萄地区，主梢架面有空间，营养蔓可留生长到约 20 片叶时摘心，相反，如果主梢的生长空间比较小，营养蔓短留长到 15 ~17 片叶时摘心；如果营养蔓生长很强势的时候，可以提前摘心副梢结果母蔓。

②对于生长期长多雨地区的葡萄，主梢比较纤细，等到长到 8 ~10 片叶时摘心，这样可以促进主梢加粗；主蔓生长势中庸的 80 ~100 厘米时摘心；主蔓生长势很强去掉培养副梢结果母蔓的方法分次摘心。第一次主梢上 8 ~10 片叶时留 5 ~6 片叶摘心，可以促进副梢萌发，副梢长出 7 ~8 片叶时摘心。第二次副梢只保留顶端的 1 个副梢于 4 ~5 片叶时留 3 ~4 片叶摘心，其余的副梢抹掉，方便第三次处理。

3. 对主、侧蔓上的延长蔓摘心

①如果非要选择比较弱的延长蔓生长，则留 10 ~12 片叶摘心，促进它发展。也可以选择下部较强壮的主梢换头。

②在生长期较短的北方地区，可以在 8 月上、中旬以前摘心；在生长期较长的南方地区，则可以在 9 月上、中旬摘心。延长蔓生长中庸健壮的，则根据冬季修剪的长度和生长期长短适当推迟摘心

的时间。

③延长蔓生长强旺的，则要提前摘心，避免浪费营养和徒长。摘心后长出副梢的，最顶端1个副梢作为延长蔓继续延伸，然后按照中庸枝处理，其余副梢作结果母枝培养。

4. 副梢的利用与处理

（1）副梢的利用　副梢就是新梢叶腋里的夏芽从下而上陆续萌发形成的，它是葡萄的重要组成部分，处理的好了，可以加速树体的发展和整形，增补主梢叶片的不足，提高光合作用。但是，如果处理不当，容易使架面杂乱，增加树体的营养成分流失，影响通风透光。所以要合理利用副梢。

①利用副梢加速整形。对于定植苗只有1个新梢，但需要2个以上主蔓时，可以在新梢长出4～6叶时及早摘心，促进副梢发展，挑选出适合副梢发展的主蔓。如果主蔓延长蔓受损，则可以利用顶端发出的副梢作延长蔓继续延伸生长。

②利用副梢培养结果母枝。冬芽旁边的夏芽，长势中庸健壮，冬芽分化良好、饱满，可以作为结果枝。所以，对于生长旺盛的品种，可以采用上述特性采取提前摘心和分次摘心的方法，把它培养成副梢结果母枝。

③利用副梢结二次果。例如京优品种的二次果，穗大粒大，坐果率好，品质优。因此，一些早、中熟品种的副梢结实率很高，二次果品质也好，而且能够充分的成熟，所以可以用培养一次果的方法培养二次果，利用副梢结二次果，增加效益，充分发挥品种的潜在能力。

④利用副梢压条繁殖。如果葡萄的生长期超过了180天，那么对于如巨峰、京亚、京优等生长势较强、易发副梢的品种，一般在6月中、下旬，副梢超过15厘米以上时，把植株基部的新梢或连同母枝一起，挖浅沟压入地表，然后培土，促进主梢和副梢基部生根，

培养成副梢压条苗木。

（2）副梢的处理

①结果枝上的副梢处理。结果枝上的副梢主要有两个作用，一是利用它补充叶片不足，第二是利用它结二次果，除此之外的副梢全部处理，从而减少树体营养的消耗。一般是两种方法：

a. 习惯法。顶端1~2个副梢留3~4片叶反复摘心，果穗以下的副梢从基部去掉，其他的副梢“留1叶绝后摘心”。主要适用于年幼的果树，多留些叶子，既可以保证结果初期丰产，也可以为树冠补充养料。

b. 省工法。顶端1~2个副梢留4~6叶摘心，其余的副梢从基部抹除。顶端产生的二次、三次等副梢，保证顶端1个副梢留2~3叶后反复摘心。这种方法主要用于成龄结果的结果树。少留副梢叶片，减少叶幕层厚度，增加通风透光，减少黄叶，增加葡萄着色。

②营养蔓上的副梢处理。营养蔓上的副梢可以结二次果、压条繁殖，所以可以按照结果枝上副梢处理的省工法处理。

③主、侧蔓上延长蔓的副梢处理。主、侧蔓延长蔓上的副梢，除了生长特别旺盛外可以用作副梢结果母枝外，其他的尽量少留甚至不留。延长蔓的副梢一般从基部抹去。及时萌发的副梢最顶端也只留1个副梢继续延长。

（三）葡萄疏花与花序整形

疏花序和花序整形是提高葡萄品质实现标准化的一个重要步骤，也是调整葡萄产量，达到植株合理负载量的重要手段，要想获得优质的浆果，必须控制产量。鲜食葡萄每亩的标准产量是1000~1500千克。

（1）疏花序时间　疏花序时间根据葡萄生长的程度决定，对于巨峰以及其他巨峰群品种、玫瑰香等生长比较旺盛、花序比较大、落花落果严重的品种，适当的晚几天，等到花序分离之后，再进行疏花序；对于长势虚弱、坐果良好的品种，则要尽早除去多余的花序，节约营养。最后留多少花序，则是根据产量的指标和花序坐果状况决定。

（2）疏花序要求　疏花序主要是根据品种、树势、树龄，把单位面积内产量的指标分配到单株葡萄上。一般果穗重 400 克以上的大穗品种，个别空间较大、枝条稀疏、强壮的枝可留 2 个花序。中庸和强壮枝各留 1 个花序。只有短细的枝没有花序。是否保留花序考虑以下方面：

①新梢强弱。强壮枝，中庸枝，细弱枝。

②新梢位置。主、侧蔓延长枝，结果枝组中的距主蔓近的下一年留作更新枝，主蔓下部离地面较近的低位枝。

③花序着生位置。同一结果新梢的上位花序，与架面铁线或枝蔓交叉花序。

④花序大小与质量。畸形花序，小花序，伤病花序。

（3）花序整形技术　花序整形的主要出发点是为了加强果穗内部通透性、提高着色率、疏松果粒、增大果粒，从而使果穗成为短圆锥形或圆柱形，利于包装和提高品种的质量。所以，花序整形是鲜食葡萄生产不可缺少的一道工序。

对于红地球、里查马特、龙眼、秋红、无核白鸡心等大穗形且坐果率高的品种，在开花前去掉全穗长 1/5～1/4 的穗尖，花期的时候剪去副穗和歧肩，以及短、紧的“隔 2 去 1”（即从花序基部向前端每间隔 2 个分枝剪去 1 个分枝）办法，疏散果粒，减少穗重，达到效果。对于巨峰等坐果率较低的葡萄品种，在花序整形时，要去掉全穗长的 1/5～1/4 的穗尖，还要从上部剪掉花序大分枝 3～4 个，连同副穗和歧肩，剩下下部花序小分枝，这样果穗紧凑，容易长成短圆锥形或圆柱形。

(四) 除卷须

在栽植的条件下，卷须是没有用途的器官，它缠绕到果穗和枝蔓上，容易影响果穗和枝蔓生长，修剪起来不方便，同时也消耗养料和水分，因此要及时摘除。

(五) 提高葡萄坐果率的措施

(1) 葡萄落花落果的原因　葡萄的落花落果是生物物种进化的一种表现，是自然疏花疏果的现象。落在地上的花和果都是有缺陷的，所以留下来的才是最健康和最完善的花果，如果自然落花落果比较少，就需要人为落花落果。例如巨峰葡萄，比较大的花序有1000个以上花蕾，如果全部花蕾都坐果，穗重可达10千克以上，果粒纵横径达2厘米，而果柄长度只有1厘米多，因此肯定会引起浆果破裂，蜂、蝇、虫吸吮果汁。不过，巨峰葡萄的正常坐果率为13.4%，具有300多个花蕾的花序，穗重达400克以上。在生产过程中，葡萄的落花落果严重、损失严重的现象主要有五个方面：

①先天遗传性。如果雌能花品种的花粉没有发芽孔，花粉粒内的生殖核和营养核退化，没有合适的授粉品种，很难坐果。有些品种的胚胎异常率较高，很容易造成大量落花落果。

②树体贮藏营养不足。葡萄开花期处于树体营养成分的临界期，上一年体内贮藏的营养成分已经用完，新梢新叶制造的营养只够自身的生长需要，缺乏营养物质，就会导致授粉、受精受阻。

③树体养分分配不当。葡萄新梢生长具有明显的极性，树体内的营养成分大部分流向梢尖和幼叶，植物的生长和开花坐果处于不平衡的状态，所以花序的养分不足而加剧落花落果。

④气候异常。如果遇到了阴天、干旱、大风、低温等气候条件，

对于花器官的分化和生长有着严重影响，还能破坏正常授粉和受精的进程，从而使胚囊中途败育，导致大量落花落果。

⑤不合理栽培技术。如上一年早期落叶、超量结果，造成树体里面贮藏营养严重不足，或者是本年度的新梢徒长或者极其衰弱，病虫害预防不到位，导致营养浪费，这些都不利于开花结果。

（2）提高坐果率的措施

①对园地进行土壤改良。增施有机肥料，提高土壤的有机质含量，使土壤的团粒结构好，使土壤团粒结构好，保肥保水，为葡萄根系创造良好生长发育条件。在开花前要喷施浓度为0.3%的硼砂溶液，促进花粉管生长，提高受精率。

②合理密植。利于架面通风透光，保证适宜的叶面积和营养积累，促进花芽分化和花器官的发育。

③控制留果量。葡萄植株枝叶制造的营养不仅为当年提供生长、开花、结果需要，还能补充新梢花芽分化和翌年春继续生长开花坐果所需营养，从而达到连年稳产。一个良好的葡萄园，每亩产量应在1250～1500千克，不能超产。

④实行花前摘心和控制副梢生长。花前要摘心，坐果后利用副梢叶片补充营养。花前对结果母枝环状（环剥宽度3～5毫米）剥皮可以阻止营养向下输送而流向花序。

⑤喷施激素。为了提高巨峰葡萄的坐果率，促进花粉管的伸长，可以花前10天喷施50%矮壮素500～1000毫克/升+0.3%硼砂，隔7天再喷施1次。

⑥加强病虫防治。保证营养平衡，增强光合效率，提高树体营养水平，保持青枝绿叶。

⑦其他措施。花前的时候中耕除草，疏松土壤，加强土壤通透性，停止灌水，提高地温，加速根系吸收养分、水分。

（六）疏穗疏粒

为了提高浆果质量，通过疏除一部分花序改变果穗的数量，再利用花序来改善穗形和穗重，从而保证葡萄的产量、葡萄的重量以及规范它们大小的目的。保证每个果穗都可以尽量保证营养成分的吸收，从而促进果实的膨大和着色，提高果实的含糖量。另外，疏果还有利于积累树体的营养，充实枝条的发育以及保证枝条安全过冬。

国外葡萄的优质产量，一般控制在1.7～2千克/平方米的范围内。因此，要保证每平方米架面产果量2～2.5千克，每亩产量1300～1500千克为标准。因此要疏果穗，通常留目标产量1.5～2倍，最后达到1.2倍。

（1）时期　一般疏穗是在坐果前进行。盛花后20天坐稳果后，能够估计出每平方米果穗的数量，然后等到果粒进入硬核期时，分辨出大小粒的时候进行疏粒。

（2）疏穗　疏穗则是根据树的负担能力和目标产量决定，树体的负担能力和树龄、树势、地力、施肥量有关，如果树体的负担能力较强，可以适当多留一些果穗，相反则少留些果穗。如果品种的丰产性能好，当地的栽培技术水平也较高，则可以适当多留果穗；反之，则应少留果穗。

根据1千克果实所必需的叶面积推算架面留果穗的方法进行疏穗，通常叶面积大，则产量高、品质好，不过，产量和质量之间又是负相关，必须先定出质量标准，在满足质量的前提下，按照叶面积留果。

例如，巨峰品种要收获300克左右的果穗，需15～20片叶片，即20片叶可以留1穗，25片叶以上的新梢如果生长健壮可以选留2穗果实。8～10片叶的新梢原则上不留果穗。巨峰葡萄每1000平方米架面上，具有1500~2000平方米的叶面积，可生产含糖17%折合亩产为1180~1650千克。

疏穗的具体方法就是强枝留2穗、中庸果枝留1穗、弱枝不留穗，每平方米架面选留4~5穗。

（3）疏粒　标准穗重因为品种的不同而不同，果穗要求整形、果粒匀整、提高商品性能。一般小粒果、着生紧密的果穗，以200~250克为标准穗；大粒果、着生稍松散的果穗，以350~450克为标准；中粒果、松紧适中的果穗，以250~350克为标准。

疏粒时，一般先把畸形果、小粒果、个别突出的大粒果疏去，然后根据穗形要求，剪去穗轴基部4~8个分枝及中间过密的支轴和每支轴上过多的果粒，从而使果穗成熟时达到松紧适度、果粒大小整齐、着色均匀和外形美观。例如，红地球品种，一般小果穗保留40~50粒，中果穗保留50~60粒，大果穗保留60~80粒，平均粒重12克左右，保证小穗重500克左右，中穗重750克左右，大穗重1千克左右；巨峰一般每穗保留40~50粒，单粒重达12克以上，平均穗重500克左右，果穗呈短圆锥形。

（七）果穗套袋

（1）套袋的作用　在果穗上套袋，能够很好地对果穗实行空间隔离，这样能够很好地减轻甚至防止黑痘病、白腐病、炭疽病和日灼病的感染危害，特别是炭疽病。另外这种方法能够很好地避免各种虫害的侵害，例如蓟马、金龟子、吸果夜蛾、蝇、蚊、粉蚧等。能够减少机械的摩擦和灰尘的污染，保证了果实的细嫩，果粉的浓厚，还可以提高果实的外在形象，使果实更美观。另外还可以防止裂果，提高浆果的等级，从而达到稳产的目的。还能够减少果实受到药物的污染和残毒的积累，这样能够很好地提高果实的安全性。还可以减少暴雨、沙尘暴、冰雹、鸟兽的侵害。但是果实在袋子里面，光照受到限制，着色比较慢，因此，果实的成熟期会推迟 5～7 天。果实的含糖量和维生素 C 的量也会减少。另外一个缺点就是费工夫和增加纸袋的成本。

（2）*葡萄果实袋的结构和规格* 果实的袋子需要用专门的纸制成，这种纸经过驱虫防菌处理。纸质量上乘，能够经得起风吹、雨淋、日晒，并且在果实整个生长期间不破不裂。另外要求果实袋的一端开口的同时，下面有 2 个通气孔，它的上部有封闭袋上口的铁丝。这种纸还具有防雨性和透气性。

各个果袋厂家生产的果袋大小不同，常见的是 16.5 厘米×22.5 厘米、16.2 厘米×31 厘米、35 厘米×25 厘米、32 厘米×22 厘米、15 厘米×19.5 厘米等规格。

（3）*葡萄果实袋的选择* 葡萄生产者要了解果实袋产品的性能、规格、结构、使用效果和配套技术，根据自身葡萄园的特点，选择高标准的果实袋。

①根据区域选择果袋。因为我国各葡萄园区域的气候类型差别比较大，根据当地的降雨量、光照和大风等因素因地制宜选择合适的果袋。例如南方高温、高湿及台风频发地区，葡萄病害严重，应选择强度好的果袋类型；西北干旱地区，海拔高，紫外线强度大，许多葡萄品种容易受到口灼的威胁，因此应选择防口灼的果袋类型等。

②根据品种选择果袋。不同的品种根据它的果实着色特点、果穗大小及对日灼的敏感程度选择果袋。例如，克瑞森无核等直射光着色品种，应选择透光性好又防日灼的果袋类型；巨峰、香悦等散射光着色品种，则要用白色透明普通木浆果实袋；巨峰、红地球则要用专用袋。

③根据栽培方式、架式与树形特点、果穗着生部位等选择果袋。棚架栽培等栽培架式的果穗见光差，因此要用透光性好的果袋。保

护地栽培及避雨栽培的光照强度减弱，所以要用透光好的果袋。

（4）套袋时期　葡萄带套的时间要尽早，一般是在果实坐果稳定、整穗及疏粒结束后立即开始，南方可在5月份进行，北方地区宜赶在雨季来临前结束，套袋宜早不宜迟。西北干旱地区、高海拔地区可适当推迟到着色前。棚架下遮阴果穗也是赶早不赶晚，篱架和棚架的立面果穗因阳光直射，因此要推迟套袋。另外，套袋要避开雨后的高温天气，在阴雨连绵后突然晴天，如果立即套袋，会使日灼加重。因此，要经过2～3天，使果实稍微适应高温环境后再套袋。

套袋前要灌一次透水，这样可以降低葡萄架下的温度。套袋前，要尽量多留果穗周围的营养枝和副梢，这样可以遮阴，使葡萄幼果能够很好适应袋子里高温多湿的气候。套袋半个月之后，可以根据果实生长的状况稀疏套袋周围的遮阴葡萄枝叶。

（5）套袋方法　套袋前，在全园的范围内喷洒一次杀菌剂，例如代森锰锌、甲基托布津、多菌灵、苯醚甲环唑。重点是喷洒果穗，等到晾干之后再套袋。把袋口端6～7厘米浸入水中，使之柔软，便于收缩袋口，扎紧，防止害虫及雨水进入袋内。套袋时，先用手把纸袋撑开，使袋子鼓起来，然后从下往上把整个果穗全部套入袋内，再把袋口收缩到穗梗上，用一侧的封口丝牢挂于果梗或结果枝上。铁丝以上要留1～1.5厘米的纸袋，不能用手搓揉果穗。

（6）套袋后的管理　套袋之后可以不喷洒针对果实病害的药剂。但是要重点防治叶片病虫害，例如黑痘病、褐斑病、霜霉病、叶蝉等。对于康氏粉蚧、茶黄蓟马、玉米象等容易入袋的害虫，则要重点注意。

（7）摘袋时期及方法　葡萄套袋之后，可以不摘袋子。如果要摘袋的话，摘袋的时间要根据品种、果穗着色情况以及纸袋种类而定。红色品种着色程度随着光照强度的减小而显著降低，因此可以在采收前10天去袋，让果实受光。如果果实在袋里已经完全成熟，则不要摘袋，否则会引起颜色加重。巨峰等品种一般不需摘袋，如果纸袋透光度较高，能够满足着色的要求，则不必摘袋，保证生产的洁净无污染果品。

葡萄摘袋，一般先把袋子打开，在果穗上戴上一个帽子，这样可以避免鸟害及日灼。时间一般为上午10时以前和下午4时以后，阴天可全天进行。

（8）摘袋后的管理　葡萄在摘袋之后，一般不需要喷药，但是要注意防止金龟子等害虫危害。在果实着色之前，要做好管理工作，例如剪除果穗附近的部分已经老化的叶片和架面上过密枝蔓，因为部分叶片老化，光合作用减低，光合产物入不敷出，剪掉它们之后，能够增加有效叶面积比例，减少营养消耗，同时改善架面的通风透光条件，减少病虫危害。但是摘叶的时候，不能过早，也不能过多，防止影响树体贮备营养，影响结果。注意，摘叶和摘袋，不能同时进行，否则会引起日灼。

第三节　葡萄的休眠与越冬防寒

一、打破休眠技术

1. 低温方法　葡萄一般在7.2℃以下低温才能达到自然休眠，因此可以通过低温完成它的休眠。葡萄的休眠期为50～110天。当然，不同的葡萄种类，它们的休眠期也不一样。

2. 高温方法　高温的办法也可以结束自然休眠。例如，在葡萄生长期的时候，取玫瑰露品种的成熟硬枝进行扦插试验，随着温度提高，在经过40天，温度在30℃时萌发率为6%，温度达36℃时则萌发率达90%左右。因此可以证明高温可以使成熟的枝条生根、发芽，打破自然休眠。

3. 化学方法　用化学药品处理休眠，常用的是石灰氮，学名氰氨化钙。具体方法是石灰氮加4份水，混合搅拌2小时后，取上部澄清液，涂抹枝芽。最佳时间是温室升温前10天。每10米长篱架上的葡萄枝芽，需要0.5千克石灰氮。如果温度、湿度、光照正常，15天左右就能发芽。注意，石灰氮有毒，使用的时候要注意安全。

二、越冬防寒

不同葡萄的品种抗寒性差异不同，大部分欧亚种和欧美杂交种葡萄品种抗寒性均较差，地上部休眠枝蔓在-15℃左右就会发生冻害。山葡萄、贝达、北醇等某些品种抗寒性很强，在华北地区不埋土也可以露地越冬；所以我国埋土防寒线是以北的西北、东北以北地区开始。处于此地的葡萄产区都要埋土防寒，并且越往北，埋土时间越早，埋土厚度也越厚，这样才能保证植株的安全越冬。在埋土防寒线附近的地区，葡萄的植株要进行简单的覆土防寒，防止突然降温使植株受到伤害。栽培抗寒性较弱的红地球、葡萄园皇后、瓶儿、里扎马特、奥山红宝石、乍娜等品种时，更要重视防寒工作。

埋土防寒的时间和方法主要是根据当地的气候和土壤条件以及葡萄的种类和砧木的抗寒性决定的。

(1) 埋土防寒时间　一般是在当地的土壤封冻前的15天开始，如果时间过早，就会因为土温高、湿度大、芽眼发霉；埋土时间晚，土壤结冻，取土不容易，并且土块大，封土不严，起不到防寒的作用。在华北地区11月初左右开始埋土。

(2) 埋土防寒方法

①地上全埋法。首先把枝蔓修剪后顺着行向朝一方下架，一株主蔓压着另一株主蔓，分段用草绳等把枝蔓绑好，在主蔓部垫上土或者草，这样可以防止主蔓受压断掉。然后把秸秆、草等防寒物质放在枝蔓两侧，将枝蔓系紧，在枝蔓上一捆挨一捆盖平，最后用细土覆盖严实。土层的厚度根据当地的最低温度和品种的抗寒性决定。一般品种在低温-15℃时覆土20厘米左右，-17℃时覆土25厘米，温度越低，覆土越厚。宽度应是当地冻土厚度的1.8倍，厚度为地表到-5℃的土层深度。例如辽宁西部地区葡萄防寒土堆的宽度为1.8米、厚度为0.2米较为安全。

②地下全埋法。在葡萄的行间挖深、宽各50厘米左右的沟，把主蔓压入沟内再覆土。在特别寒冷的地方，还要覆盖一层塑料薄膜、干草或树叶，然后再覆土。一般应用于棚架和枝蔓多的成龄园。

③局部埋土法（根颈部覆土）。如果冬季绝对最低温高于-15℃的地区，植株冬季不下架，那么在封冻前植株基部要堆30~50厘米高的土保护颈部。使用了抗寒砧木（如贝达、北醇等）嫁接的葡萄，覆土深度一般，壤土和平坦葡萄园薄些，使用沙土和山地葡萄园则厚些。对于植株生长较旺、落叶较迟、挂果较多的，即使温度达不到-17℃，也要埋土防寒。

(3) 防寒埋土操作要点　首先在每株葡萄茎干下架的弯曲处用土或草秸做好垫枕，防止植株在埋土的时候压断主蔓，然后在主蔓的下方挖一条深35厘米的浅沟，用来摆放枝蔓。接着埋土的时候把枝蔓捆束放入沟内，在两侧用土挤紧，最后在枝蔓上覆土，土要拍实，防止土堆内透风。

(4) 葡萄防寒栽培技术措施　在我国东北、西北地区冬季寒冷的时间比较长，仅仅依靠埋土防寒不能起到良好的效果，因此必须综合利用防寒技术才能达到降低成本、提高防寒效果的目的。

①选用抗寒品种。选择品种很重要，多年的试验表明，酿造品种雷司令、霞多丽、龙眼、牛奶、无核白、巨峰等都是抗寒性能比较好的品种，早熟的莎巴珍珠及郑州早红也比较抗寒。这些品种可以在埋土条件下安全过冬。

②采用抗寒砧木。采用抗寒的山葡萄和贝达作为砧木，这样可以减少埋土的厚度。

③深沟栽植。栽植的时候要挖 60 ~ 80 厘米的深沟，然后浅埋，以后每年加厚土层，这样可以使根系深扎，从而提高植株本身的抗寒能力。

④尽量采用棚架。整形棚架之间的行距大，取土比较容易，并且不容易伤到根部，所以北方比较寒冷的地区要用小棚架。

⑤短梢修剪。北方地区，葡萄的生长期比较短，在降温较早的年份，品种枝条不易成熟，所以在夏季的时候要提前摘心，然后增加施磷、钾肥，促进枝条的成熟和基部芽眼的充实；冬季的时候则用短梢修剪，保证最好的芽眼和最好的枝条。

⑥加强肥水管理。栽植前，要增加肥水，进行摘心；到后期的时候，增施磷、钾肥；秋雨的时候要排水防涝，从而促进枝条成熟，提高它的抗冻能力。

三、出土上架

（1）出土时间　对于埋土防寒的葡萄，在树液开始流动至芽眼膨大期间必须把防寒土去掉。并且修理好葡萄栽植畦面，然后把葡萄的枝蔓引缚上架。如果出土过早，根系还没有活动，枝芽容易被抽干；出土过晚，则是芽在土中萌发，出土的时候容易被碰掉，或者芽已经发黄了。出土的时间如果把握不好，葡萄上架之后容易受到风吹日灼，人为地造成“瞎眼”及树体损伤，影响产量。所以，适时出土很重要。

因为每年的天气变化不一样，准确把握住出土的时间不容易。所以可以把一些果树的物候期作为“指示植物”。例如，在当地山桃初花期或杏等栽培品种的花蕾显著膨大期开始撤去防寒物较为适宜。一般来说美洲种葡萄及欧美杂种葡萄的芽眼萌动较欧洲种葡萄要早，出土期要提前 4 ~6 天。

（2）出土方法　在撤除防寒土的时候，一般要在葡萄的枝蔓上面捆扎置于栽植畦的中心，先去掉两侧的防寒土，然后再去掉枝蔓上面的覆盖物，直到露出葡萄枝蔓为止。去除完之后，要整理畦面。

为了防止芽眼抽干，使芽眼在萌发的时候整齐，可以在出土之后把枝蔓放在地上几天，等到芽眼开始萌动的时候，再把枝蔓均匀地绑在架面上，然后再进行正常的生长期的管理工作。

（3）整理支架　每年葡萄在出土上架前，首先要整理铁丝，扶正扎紧已经倾斜松动的架面。因为支架、铁丝易受到果实、风雨、枝蔓的危害。

（4）清根　使用嫁接苗定植的葡萄园，常常会在接口处以上的接穗部位生长出新梢。这些新梢会使砧木的根系自然死亡，植株变成自根苗，削弱了抗性。因此在出土上架之前，要逐蔓检查，主蔓基部要全部清理干净。在生长季节，也应经常检查，及时清根。

（5）防止葡萄伤流　伤流轻者容易使植株的营养损失，造成树势虚弱，芽体枯死，影响生长、开花和结果，重者则会全株死亡。

为了防止发生伤流，发芽的时候不要修剪，在农事的操作上要特别小心，避免枝蔓受伤。一旦出现伤流现象，要立刻补救。

①把熟石灰加水调制成糊状，涂在枝蔓受伤处，一定会有效果。

②在枝蔓上伤流处的伤口用 10 厘米见方的塑料薄膜包扎好，然后用绳子捆结实，使它不透气。

③把蜡烛熔化的蜡汁涂在葡萄枝蔓的伤口上，或者是把蜡放在铁盒里加热熔化后涂于植株的伤口处。等到蜡油冷却后，伤流止住。

④取出松香，然后在容器中熔化，将其涂抹在葡萄枝蔓伤口处。或者用烧热的烙铁对着松香一边熔化，一边滴在伤口上，接着在伤口处烙几下，使松香充分熔化以增加渗透力。等到松香冷却后，伤流就会止住。

第七章

葡萄的疾病防治

第一节 葡萄常见病害的防治

一、黑腐病

葡萄黑腐病可能会因为侵染源比较多，环境气候适宜或者其他原因引起较大的损失，但是一般危害不大，主要分布在河南、河北、山东、江苏、辽宁、广东、四川、黑龙江等省。

（一）症状

葡萄黑腐病症状见表7-1。

表7-1 葡萄黑腐病症状

名称	症状
幼嫩叶片	在春夏之间，叶片生长初期被侵染1～2周后出现细小、棕黄色的圆形斑点。斑点直径2～10毫米不等，病部色泽初为乳白色，后加深至棕黄色，最后变红褐色，斑点具有狭窄黑褐色的边缘。分生孢子器在坏死点的中心发生，似细小黑色的小疱
叶柄	叶柄也发生病斑，有些病斑很大，围绕叶柄一周，损害全叶
新梢	嫩梢在整个生长季节里出现长条状黑色溃疡斑，病斑长数毫米至2厘米不等，通常在病斑上可见到分生孢子器。病斑多时可使新梢先端萎蔫
花梗	花梗、果梗上的病斑出现细小黑色凹陷，不久全变黑色

续表

名称	症状
果粒	果粒感病初出现细小的白色点，直径约1毫米，后绕以红褐色环纹，1天之内病斑直径可扩大至1厘米。数天内病果粒变干、皱缩，直至变成黑蓝色僵果 圆叶葡萄果粒的症状则是出现细小、黑色、表生的疮疤状病斑，直径1~2毫米。这些病斑不扩大，也不引起成熟果粒腐烂，幼嫩的病果粒最后脱落或变成僵果，有时许多病斑融合在一起，形成黑色外皮，覆盖大部分果面。在大病斑边缘，皮层开裂，随后整个病组织也龟裂，表面粗糙并埋生分生孢子器

（二）病原

葡萄黑腐病是因为葡萄球座菌寄生引起的，它属于子囊菌亚门，也是这类病原菌的有性阶段。无性阶段为葡萄黑腐茎点霉，属半知菌亚门。病菌的有性阶段能够产生子囊壳，在越冬僵果的子座内形成。子囊壳是黑色，球形，分开的，直径有61~199微米，顶端是扁平或乳状突开口，中心则由拟薄壁组织组成，有的时候有侧丝。子囊大小为（62~80）微米×（9~12）微米，圆筒形至棍棒状，它有短柄和8个子囊孢子，子囊壁厚，由两层组成。子囊孢子大小为（12~17）微米×（5~7）微米，透明，没有隔膜，是卵形或椭圆形，直的或者有一侧弯曲，一端是圆的，双顺序排列，常常有胶黏的鞘裹着。

病菌无性阶段产生黑色的球状分生孢子器，直径为80~180微米，主要寄生在寄主表面组织。分生孢子器坚实，凸出，顶端有开口。在叶片上的时候，出现圆形、红褐色坏死斑点；在新梢、卷须、花梗和叶柄上则会出现椭圆形或细长的褐色，在果粒上则会出现僵果或褐色至黑色表生疮痂和溃疡。

分生孢子透明，没有隔膜，卵形至椭圆形，大小为（8~11）微米×（6~8）微米，一端圆。

（三）流行病学

黑腐病菌在僵果、老果穗上和土壤中过冬。葡萄萌芽之后，降雨量达到0.3毫米就会释放出囊孢子，放射时间可持续一段时间。

子囊孢子需要游离水萌发，10～21℃时，侵染需要较长时间，27℃时，6小时即可萌发，32℃侵染停止。

分生孢子器在越冬僵果和新腐烂的果粒上产生，3～5天在叶病斑上形成，遇到3毫米或更多的降雨即可放射分生孢子。在葡萄的生长季节，降雨1～3小时，分生孢子扩散比较大。南方，果粒成熟，气温26.5℃持续湿润6小时叶子就会感染，在10℃条件下需要24小时，32℃需12小时。

不同品种对黑腐病的感病性也不一样，从轻到重的排列为：河岸葡萄、心叶葡萄、冬葡萄、沙地葡萄圣乔治、夏葡萄、掌叶葡萄、美洲葡萄、加州葡萄、亚利逊那葡萄、欧洲葡萄。

（四）防治

黑痘病、炭疽病、白腐病和黑腐病的防治一样，因此在治疗它们的同时也治疗了该病。同时也要消除植株上的僵果，把患病的果实埋在地下面，消灭越冬的病源，也是不错的措施。

二、黑痘病

（一）症状

黑痘病的主要症状是侵害葡萄的所有绿色组织，例如新梢、叶片、叶柄、卷须、幼果、果柄、穗轴等，其中果穗的损失程度最大。

1. 幼果受害　开始的时候先是深褐色圆形小斑点，然后成直径

2~5毫米的圆形凹陷病斑，中间是灰白色，外部深褐色，边缘是紫褐色，像是“鸟眼”。随着果粒的膨大，病斑的边缘部分就会产生裂缝，然后硬化，出现龟裂。潮湿的时候，还会出现乳白色的黏液。

2. 叶片受害 开始时，叶片出现红褐色至深褐色的小斑点，外面有黄色的晕圈。扩大之后，病斑为圆形或近圆形，中部灰白色、稍凹陷，边缘暗紫色至紫褐色，直径1~4毫米；干燥时，病斑易破碎穿孔，严重时，病叶出现干枯、扭曲，甚至脱落。

3. 新梢受害 病斑开始的时候是圆形或长圆形斑点，褐色，稍隆起；后成为长圆形病斑，中央灰褐色，边缘褐色至深褐色，凹陷；随后中部多开裂，维管束外露；病重的时候，甚至出现新梢枯死。

（二）流行病学

黑痘病属于高等真菌性病害，潜育期为3~7天，田间的可以多次侵染。它主要潜伏在病果、病叶、病枝蔓上过冬，第二年产生分生孢子，借助风雨传播，进行侵害。带病的苗木、插条可以远距离传播。

黑痘病侵害葡萄的幼嫩组织，幼嫩组织在多雨潮湿的时期容易发生病害，在少雨干旱的时候已经成熟不容易发病。一般，在开花前后至幼果期多雨，黑痘病可能会严重发生。

（三）防治技术

1. 处理越冬菌源 冬剪时彻底清理果园，把病叶、病果、病梢清理干净，集中烧毁。葡萄上架、发芽前，要喷洒1次60%铜钙·多菌灵（统佳）可湿性粉剂200~300倍液、77%硫酸酮钙（多宁）可湿性粉剂200~300倍液、10%硫酸亚铁+1%粗硫酸，去除枝蔓上残留的越冬病菌。

2. 搞好苗木检验与消毒 调运苗木和插条的时候，要严格检验，重病的苗木必须烧毁，轻度的苗木和可疑的苗木则要进行消毒。

一般使用3波美度石硫合剂+0.3%～0.5%五氯酚钠、10%硫酸亚铁+1%粗硫酸，浸泡苗木或者枝条10分钟。

3. 生长期药剂防治　喷药治疗最主要的就是把握好喷药的时间，在江淮流域和南方各葡萄产区，在葡萄萌芽的时候开始喷药，10～15天1次，连续喷至落花后半月左右。在北方，则是开花前、落花15天左右各喷药1次。常用的药剂是70%甲基硫菌灵（甲基托布津）可湿性粉剂或500克/升悬浮剂800～1000倍液、500克/升多菌灵（统旺）悬浮剂800～1000倍液、30%戊唑·多菌灵（龙灯福连）悬浮剂800～1000倍液、50%多菌灵可湿性粉剂600～800倍液、10%苯醚甲环唑水分散粒剂2000～2500倍液、77%硫酸铜钙（多宁）可湿性粉剂600～800倍液、50%克菌丹（美派安）可湿性粉剂600～700倍液、25%戊唑醇（欧利思）水乳剂2000～2500倍液、80%代森锰锌（太盛、大生、必得利）可湿性粉剂600～800倍液、70%丙森锌可湿性粉剂500～600倍液、68.75%嗯酮·锰锌水分散粒剂1000～1500倍液、60%唑醚·代森联水分散粒剂1000～1500倍液等。

三、褐斑病

葡萄褐斑病，又叫斑点病，主要造成早期落叶，树势衰弱，影响产量。主要发生在多雨季节和管理比较差的果园。

（一）症状

褐斑病危害叶片。在叶片上看到的病斑类型有两种，大褐斑病和小褐斑病。

1. 大褐斑病　大褐斑病直径3～10毫米，病斑是圆形，中间是深褐色，边缘是褐色或红褐色，外面是黄绿色晕圈。感病品种上病斑中部有深色同心环纹而且病斑也较大。在雨天或者天气潮湿的时候，容易看到病斑表面及背面散生深褐色霉层。这是病菌的分生孢子梗及分生孢子。后期病叶干枯破裂、易早落。

2. 小褐斑病　小褐斑病直径 2～3 毫米，病斑近圆形，病斑较小，大小一致。一个叶片上面有数十个病斑。病斑的颜色为深褐色，中部比较浅，后期的背面也会产生深褐色霉状物，是病菌的分生孢子梗和分生孢子。

（二）病原

葡萄褐斑病菌是真菌半知菌亚门暗拟棒束梗霉属。分生孢子梗细长，大小为（92～225）毫米×（2.8～4）微米，暗褐色，有 1～5 个隔膜，常是 10～30 根成束状，顶生分生孢子，分生孢子大小（23～84）毫米×（7～10）微米，暗褐色，棍棒状，有些弯曲。

（三）侵染循环

褐斑病主要依靠分生孢子和菌丝体在落叶中过冬，第二年夏天的时候，越冬的分生孢子与病组织中分生孢子借助气流和雨水的传播，在适宜的条件下，开始萌发，从叶背气孔开始，感染植株的下部叶片，逐渐向上发展。

（四）发病条件

①在温度高、湿度大的地方容易发病。

②管理比较差，树势虚弱、树叶茂盛、通风透光性不好易发病。

③植株过密，温室湿度高，发病率高。

（五）防治

1. 清除菌源　清理果园，消灭病叶，消灭越冬的菌源。发病时，及时去掉病叶，防止扩大传染。

2. 药剂防治　发病的初期，结合防治其他病害，喷洒药剂，如喷施65%代森锌可湿性粉剂500～600倍液，每隔10～15天喷一次，连续喷2～3次或喷洒1∶0.7∶200波尔多液，7～8月结合防治措施再喷2～3次。喷药的时候要注意着重喷靠近地面的叶子，叶子正面、背面都要喷到，保证效果。

3. 加强管理　改善通风的条件，降低果园的湿度，注意雨后的排水和施加肥料，避免氮肥过多，防止枝蔓的生长，合理修剪，促进树势健壮，增强抗病力。

四、白腐病

（一）症状

白腐病主要侵害的是果穗、枝蔓、叶片、叶柄。

1. 果穗受害　果穗受害的时候，先是从果穗的下部开始，逐渐向上蔓延。初期的时候，穗轴和果柄上都会生长出淡褐色、水渍状、边缘不明显的病斑，病部皮层腐烂，手捻皮层易脱落，病组织有土腥味；然后病斑会逐渐向着果粒蔓延。

2. 果粒受害　果粒受到侵害的时候，先是从基部开始腐烂，并没有出现明显的病斑边缘。受害果粒的初期，容易被震落，甚至果粒的表面没有任何异常现象，只是在果柄处形成了离层。重病园地面落满一层果粒。随着病斑的扩展，整个果粒都变成了褐色软腐，严重的甚至全部腐烂，后期的果柄、穗轴干枯缢缩，没有脱落的果粒干缩后变成了猪肝色僵果，挂在枝蔓上不落。随病情发展，病果粒及病穗轴表面逐渐密生灰褐色小粒点，粒点上溢出灰白色黏液；黏液多时使果粒似灰白色腐烂，故称其为“白腐病”。严重的时候，甚至危害整个果园，园外则是大量的烂果。

3. 枝蔓受害　病斑开始的时候淡褐色至深褐色，呈现出水渍状，后病斑沿着枝蔓迅速的发展，形成条形的病斑，病斑的中部呈现出褐色凹陷，边缘的颜色也比较深。当病斑绕枝蔓一周时，上部枝、叶生长变弱，果粒软化，严重的时候，上部枝、叶逐渐变褐枯死；病斑和枝蔓表面密生着灰褐色至深褐色小粒点。在较幼嫩枝蔓上的病斑，后期表皮出现纵裂，与木质部剥离，肉质部分腐烂分解，仅仅残留维管束，呈“披麻状”，并且生病的部位出现愈伤组织多形成瘤状隆起。

4. 叶片受害　叶片受损，先是从叶尖、叶缘开始，开始的时候是水渍状淡褐色近圆形或不规则形斑点，然后逐渐生成圆形褐色大斑，直径大约为2厘米以上，并且有同心轮纹；后期的时候病斑干枯易破裂。病叶如果湿润的话，病斑会迅速扩大，边缘变得不明显，在新发展病斑表面散生许多灰褐色小粒点。有时候叶柄也会受到侵害，形成淡褐色腐烂病斑。

（二）流行病学

白腐病是高等真菌性病害的一种，病菌主要随着病残体越冬，可以在土壤腐生1~2年，它主要危害病果，病果落地后不腐烂，病菌可以生存4~5年。在表土5厘米深的范围内病菌最多。病菌可以在病枝蔓上越冬。它可以通过雨水反溅传到近地面部位，不断向上传播和侵染，也可以通过风雨传播。受害部位产生的病菌孢子可多次侵染。白腐病菌主要通过伤口侵入。暴风雨、冰雹、裂果、生长伤等都可能导致生病。在适宜的条件下，白腐病的潜育期最短为4天，最长为8天，一般为5~6天。该病潜育期短，侵染次数多，所以流行性很强。

高温高湿也是影响病害流行的因素。葡萄在中后期，每次雨后都会出现一个发病高峰期，特别是在暴风雨或冰雹后，造成大量伤口，果穗离地面越近，越容易发病。根据北方葡萄产区统计，50%以上的白腐病果穗发生在距地面80厘米以内。

（三）防治

防治白腐病危害主要以防止果实受害为主，从加强葡萄园管理、铲除越冬病菌、防止病菌向上传播、及时喷药保护为主。

1. *加强葡萄园管理* 增施有机肥料、钾、钙和磷肥，培育壮苗，提高树体的抗病能力。生长季节要及时摘除病果、病叶、病蔓，不让病残体落在地上，将病残体带到园外处理。适当提高结果的部位，合理修剪，使园内保持通风透光，同时降低环境的湿度。对于鲜食葡萄品种要适时果穗套袋。

2. *铲除越冬病菌* 落叶后彻底处理架上、架下的各种病残组织，集中带到园外销毁，春季葡萄上架之后，要及时喷洒50%福美双可湿性粉剂200~300倍液，或者30%戊唑·多菌灵（龙灯福连）悬浮剂300~400倍液，消灭枝蔓上的病菌。

3. *防止病菌向上传播* 根据历年发病的时间提前10天左右开始喷洒药剂，每隔10天1次，连续施加2次。常用的药剂为50%福美双可湿性粉剂：硫黄粉：石灰粉=1：1：2的混合药粉，搅拌均匀后撒在地面上，每亩每次撒施混合药粉1~2千克。覆盖薄膜，架下铺草，防止雨滴反溅。

4. *及时喷药保护* 根据历年发病的时间，在发病前的7天左右开始喷药，或者是在果粒开始着色前的5~7天，或者果粒开始成长的第一次喷药，以后每10天左右喷药1次，直到采收。常见的药剂有：30%戊唑·多菌灵（龙灯福连）悬浮剂800~1000倍液、25%戊唑醇（欧利思）水乳剂1500~2000倍液、50%腐霉利可湿性粉剂1000~1200倍液、10%苯醚甲环唑水分散粒剂2000~3000倍液、40%氟硅唑乳油6000~8000倍液、50%克菌丹（美派安）可湿性粉剂600~800倍液、50%福美双可湿性粉剂600~800倍液、80%代森锰锌（太盛、大生、必得利）可湿性粉剂600~800倍液、40%腈菌唑可湿性粉剂6000~8000倍液等。

不用套袋的葡萄在采收前的1个月，尽量不用代森锰锌，防止污染果面。要慎重选用氟硅唑，因为它对果面可形成蜡粉。选用的时候，用药一定要均匀周到，使整个果穗都能着药，也可以用上述的药剂，均匀地涂抹在果穗上。

对于要套袋的葡萄，套袋前一定要使用上述的药剂均匀地对着果穗喷洒一次，套袋以后不能用药。

五、根瘤病

（一）症状

根瘤病的症状是根部产生肿瘤，内部松软，然后木质化。随着肿瘤表皮的增大，组织坏掉，并且颜色变成褐色，显得粗糙。病株生长弱小、变黄，甚至会引起整株的死亡。主要发生在根茎处和二年生以上的蔓上。

（二）防治

（1）选种　繁殖培育出没有病害的苗木。

（2）苗木消毒　先用1%硫酸铜消毒5分钟，然后再放入2%石灰水浸1分钟。

（3）加强管理　改进原来的管理制度，最主要的是做好消毒工作。

（4）刮治病瘤　遇到有肿瘤的葡萄根时，先用小刀轻轻地刮治病瘤，然后再涂上药保护。

六、霜霉病

（一）症状

霜霉病的症状就是在病部表面产生白色霜霉状物，发病严重的时候，能够造成大量的落叶、落果。它主要侵害的是绿色幼嫩组织，例如花蕾穗、果穗、嫩梢、卷须、叶片等，有时候也可以导致老叶发病。

叶片受到损害，主要是以幼嫩叶子受害最重。在发病的初期，首先可以看到叶片背面出现白色霜霉状物，正面则没有异常，随着病情的加深，正面的叶子逐渐出现了黄绿色的病斑，边缘并不是十分明显。背面白色霜霉状物常布满叶片大部甚至整个叶背，接着，病部变黄枯死，出现多角形病斑；严重时，病叶焦枯、卷缩，甚至脱落，造成早期落叶。也有的老叶受到侵害，它们的叶背面也会出现白色霜霉状物，霉状物斑块比较小，容易出现多角的形状。风吹霜霉状物可以产生“白烟”；相对应的叶正面也会出现退绿黄斑，或变褐枯死；严重的时候，白色霜霉状物也可能出现在叶片的正面，但是一般情况下，它的含量少而且少见。

花蕾和幼穗轴受到侵害的时候，初期的表面是淡褐色病变，边缘不明显，然后表面逐渐生长出白色霜霉状物，后期的花蕾变成了淡褐色并萎蔫。果穗受到侵害的时候，则要从穗轴及果柄开始，果柄变淡褐色，其表面逐渐产生较稀疏的白色霜霉状物；幼果粒受害，表面先是出现白色霜霉状物，然后变成浅褐色至褐色，凹陷皱缩，甚至脱落；膨大期果粒受害，大多数是从果柄基部开始，先是褐色病斑，后逐渐皱缩凹陷，边缘不明显，病斑表面可产生稀疏的白色霜霉状物，病粒容易脱落；中后期的果粒则是先从果柄基部开始，然后沿着边缘不明显的褐色凹陷病斑。表面一般不产生霜霉状物，病粒容易脱落，或干缩在果穗上。

嫩梢受到侵害的初期，出现淡黄色水渍状病斑，然后逐渐地变成黄褐色至黑褐色，病部会稍微的出现凹陷，潮湿的表面则会出现稀疏的白色霜霉状物。病梢会出现停滞，扭曲，甚至变形枯死。

（二）流行病学

霜霉病是一种低等真菌性病害，它主要是依存在病组织中随着病残体在土壤里面过活。病菌卵孢子可以在土壤里面生存很多年。当温度变成13℃时，越冬病菌孢子就可以发芽。借着雨水的传播可以达到葡萄的幼嫩组织的表面，从气孔进入开始侵害。经过7～12天潜育期，就能够导致发病，产生大量的白色霜霉状物病菌孢子。该孢子经过气流或者风雨可以再次进行侵染，造成霜霉病的流行。

霜霉病是一种高湿型病害，它生存的条件需要昼夜温差大。白天暖和晚上凉快、多雨、多雾等高湿的条件才会发生，甚至流行。葡萄体内的钙和钾的比例与抗病性也有关，当钙：钾<1时较感病，>1时较抗病。另外天气湿度大、氮肥使用量过多、地势低洼、葡萄种植过密、修剪（整枝打杈）不当或不及时、通风透光不良等都能引起霜霉病的发生。因此在秋季多雨潮湿的时候，葡萄采收后要做好防范措施。

（三）防治

霜霉病的防治主要是以药剂防治为主，及时摘心打杈，能够促进果园的透光通风，降低大气的湿度，并且药剂防治的时候必须及时喷药。

（1）搞好果园卫生，减少越冬菌源　叶落的季节，要先树上，然后再树下地将叶子全部打扫干净，然后集中带到果园外面进行烧毁，这样可以避免带病的落叶入土，千万不能把病叶埋在葡萄园内。

（2）加强果园管理　适量的增施有机肥、磷肥，少量增加氮肥，同时要控制钾肥，这样可以提高葡萄的抗压能力，及时摘心打杈，消除接近地面的枝蔓、叶子等，增加果园的透光性，降低大气的湿度，及时排水、通风和散湿，从而创造出不利于病害发生的条件。

（3）适时喷药防治　目前霜霉病防治的最主要措施是药剂防治，关键的环节是首次喷药的时间。最好的第一次喷药时间是选在昼夜平均气温达13～15℃，同时又有雨、露等高湿条件出现。一般都是在开花前后或者是落花前后开始喷药，每10天左右1次，连续喷施，直到果实全部采收完或者雨、露条件不再出现；如果采收完之后，雨、露还是比较多，那么就需要再喷洒1～3次，甚至更多，北方喷药的次数比较少，南方喷药次数比较多。具体喷药的时间则是根据降雨的情况和湿度决定的，多雨潮湿的季节间隔比较短，少雨干旱的时节间隔则比较长。

目前作为治疗霜霉病的药剂主要有两大类：保护性杀菌剂，例如50%克菌丹（美派安）可湿性粉剂600～800倍液、70%丙森锌可湿性粉剂400～600倍液、77%硫酸铜钙（多宁）可湿性粉剂600～800倍液、80%波尔多液可湿性粉剂400～600倍液、1：（0.5～0.7）：（160～240）倍波尔多液、70%代森锌水分散粒剂600～800倍液、68.75%噁酮·锰锌水分散粒剂1000～1500倍液、80%代森锰锌（太盛、大生、必得利）可湿性粉剂600～800倍液。治疗性杀菌剂，例如72%甲霜·锰锌（稳好）可湿性粉剂600～800倍液、90%三乙膦酸铝可溶性粉剂600～800倍液、50%烯酰吗啉水分散粒剂1500～2000倍液、85%波尔·霜脲氰（克普定）可湿性粉剂600～800倍液、85%波尔·甲霜灵（异果定）可湿性粉剂600～800倍液、64%噁霜·锰锌可湿性粉剂600～800倍液、66.8%丙森·缬霉威可湿性粉剂700～1000倍液、72%霜脲·锰锌可湿性粉剂600～800倍液、68%精甲霜·锰锌水分散粒剂600～800倍液、60%唑醚·代森联水分散粒剂1000~1500倍液、69%烯酰·锰锌水分散粒剂600~800倍液等。

具体在使用药剂的时候，要不同类型治疗性杀菌剂交替进行，保护性杀菌剂和治疗性杀菌剂交替使用，这样可以避免病菌产生抗体。喷药的时候要注意，不管是叶面的正面、反面还是果穗的表面都要均匀地喷药，另外在采摘前的1.5个月内，尽量不要使用波尔多液及代森锰锌，以免污染果面，影响果品的质量。

七、白粉病

葡萄白粉病在葡萄的生长季节，影响坐果和果粒的生长发育。后期的时候则会影响果粒的成熟，使果粒裂开，使腐生菌侵染，影响葡萄的生长，降低葡萄的产量、质量以及抗寒能力。

（一）症状

白粉病菌损坏葡萄的所有绿色组织。通常情况下，病菌只是透过表皮细胞，伸出自己的细胞然后吸收养料。虽然它只是在表皮细胞附近活动，但是临近的细胞也会坏死。

各个时期感染到该病菌的病症不同。分生孢子梗和分生孢子的菌丝体一般寄生在寄主组织表面，呈现出灰白的颜色，类似于灰尘或者白粉。如果感染了病菌，叶片的正面就会呈现出病态，具体表现是褪绿或者出现发亮的斑点，跟霜霉病的初期症状很像。幼嫩和伸展的叶片在感染之后就会扭曲，并且发育缓慢。

叶柄和穗梗在整个生长的季节都会感染到这个病。出现的症状是组织变脆，病果最后会裂开。绿色新梢感病之后，它的颜色会变成黑褐色，甚至出现黑色羽绒状斑。处于冬眠的枝条则会变成红褐色。如果病害到了这一阶段，人们只能看见崩溃了的菌丝碎片残体。

花穗在花前和花后感染白粉病则会引起坐果不良和果品的损失。

一般颗粒含量在8%以前容易感染。不过已经被感染的果粒含量达到15%以前依然可以产生孢子。如果颗粒还没有长大就被感染，那么它的表皮细胞就会死亡，表皮组织的生长就会停止，表面就会生长出一层白粉。如果果肉继续增大的话，果粒就会受到内部的压力然后裂开。裂开的果粒变干或者引起腐烂，不是白色品种的果粒将要成熟的时候感病，就会着色不良，采收有瑕疵，这种病果上面有了网状的伤疤组织，就失去了商品的价值，酿出的酒就有异味，不能用于酿酒。

在生长季节的后期，菌丝丛中就会有黑色、细小、球形子实体形成，这就是闭囊壳。它是病原菌的有性繁殖的结构，可以在新梢、病叶、果穗上发现这种结构。

（二）病原

葡萄白粉病是因为葡萄钩丝壳菌寄生引起的，属于子囊菌亚门。它是一种专门寄生性的菌类，不能人工培养。病菌表面有半永久、有隔膜和透明的菌丝，并且伴有多裂片的附着胞，因此它可以突破短桩、突破角皮层和细胞壁后，在表皮细胞内形成球状吸器。它寄生葡萄科数个属即葡萄属、爬山虎属、白粉藤属、蛇葡萄属。

菌丝的直径有4~5微米，形成了多隔膜的长10~400微米分生孢子梗，菌丝匍匐生长，但是分生孢子梗与菌丝垂直，生长比较紧密。生长得比较茂盛。分生孢子透明，圆筒形或者卵圆形，单细胞，里面还有颗粒。孢子类似于念珠，最老的孢子在串的最顶端。一般在田间的孢子串都很短，只有3~5个孢子。

相对配对型的菌丝融合，能够形成闭囊壳。一般情况下闭囊壳呈球形，直径80~105微米，存在于所感病部位的表面。闭囊壳是长形、带有弹性和多隔膜附属丝，成熟的时候，顶端会有独特的钩形。闭囊壳的色泽先是白色，然后是黄的，成熟的时候就变成了黑褐色，里面有4~6个子囊。子囊的形状是卵圆形至近球形，没有颜色，它的大小是（50～60）微米×（25～35）微米。子囊里面还有4～7个卵形至椭圆形透明子囊孢子，成熟时多为4个。子囊孢子为单胞，大小为（20～25）微米×（10～12）微米。活着的孢子在萌发的时候会形成一条或多条芽管，然后每个芽管都会迅速地分裂成多个裂片附着胞。

（三）流行病学

病菌以菌丝的形式在葡萄的冬眠芽内生活，或者是以闭囊壳在植株的残体上越冬。一般在温室或者是热带气候的条件下，菌丝体和分生孢子都可以在葡萄的绿色组织中存活。

病菌侵染植物后，开始在芽鳞内保持冬眠的状态，等到下一个生长季节的时候，葡萄萌芽后，病菌就会随着它们重新活动，并且以白色菌体覆盖在新梢上，并且产生很多孢子，等到有风的时候传播到临近的植株上。

有些地方，闭囊壳是第一次侵染，比如靠近树皮的新梢就容易受到初次侵染。因为秋天的时候，叶、新梢和穗轴上的闭囊壳容易被雨水冲进树皮的裂缝里面，病菌就可以侵染新梢了。春天的时候，闭囊壳遇到雨水就会裂开，子囊孢子射出。子囊孢子就会萌发然后侵染绿色组织，形成菌落，产生的孢子再次侵染。有的地方，以子囊孢子作为首次侵染源，原因不明确。

温度对病菌的扩散有着深远的影响。病菌在6～32℃温度范围内生长。侵染和蔓延的适温是20～27℃，超过35℃就能抑制孢子的萌发，超过40℃就能杀死病菌。在25℃的时候，分生孢子需要5小时才萌发。在23～30℃环境中，从潜育期到形成孢子需5～6天，但是温度如果降低到了7℃，就需要32天。白粉病菌落如在36℃下10小时或39℃下6小时即被杀死。子囊孢子对温度、湿度的要求目前还不是很清楚。

游离水可能产生过高的渗透压，导致孢子萌芽不良，或者是不正常。大雨可以去除分生孢子，破坏菌丝体，使病害不容易发生。在相对湿度为40%～100%时适合分生孢子的萌发和侵染。不过也有报道证明，低于20%的相对湿度，分生孢子也能萌发。湿度对孢子的形成和孢子的萌发有更大的作用。相对湿度在30%～40%、60%～70%和90%～100%时，经24个小时，则分别形成2个、3个和4～5个孢子，差异比较大。

有试验证明，分生孢子在散光下会有47%萌发，而在阳光的直射下只有16%萌发。因此弱光和散光有利于病害的发生，强光则抑制孢子的萌发。

本病在葡萄园中发生的季节不同，河南省叶和新梢感病约在5月中下旬，果粒感染病菌的时间是在6月中下旬，7月上旬普遍发生，7月中下旬会出现硬果裂果的现象，果粒感病较叶和新梢为重。

不同葡萄的品种感病的程度不同。美洲种如夏葡萄、冬葡萄、美洲葡萄、河岸葡萄和沙地葡萄较少感病，欧洲种葡萄和亚洲种如桦叶葡萄、刺葡萄和变叶葡萄高度感病。因此葡萄的育种专家已经把欧洲种葡萄和美洲种葡萄杂交，并且获得了不同程度抗性的杂交种。

葡萄的品种和病害的关系也密切，黑赛必尔、大鸡心、小鸡心、水晶等不感染此病，金后、驴奶、白玫瑰香等感病较轻；玫瑰香感病较重；佳利酿、黑罕感染白粉病较严重。果皮比较薄的品种容易裂果。

（四）防治

葡萄白粉病的防治主要是依靠杀菌剂，硫是最早用来治疗的药剂。它不仅预防和治疗作用好，而且价格低，直到现在都被广泛地应用。它主要有两种存在形式，一种是药剂，另一种是可湿性粉剂或悬浮剂，前者可以供喷粉的时候使用，后者兑水使用。在干旱的地区和水源困难的地区，可以喷粉治疗，而在多雨的地区或季节，则要用可湿性硫黄或硫悬浮剂。使用可湿性硫黄浓度为150~250倍液，硫悬浮剂为300~350倍液。另外，石硫合剂也是有效药剂，在葡萄萌芽前可以喷3~5波美度石硫合剂，可以去除树上的越冬病原菌，生长期喷0.2~0.3波美度石硫合剂，保护新生长的植株各部器官。

硫的杀菌作用是根据状态的不同而不同。硫黄杀菌适宜温度是25~30℃，而低于18℃不起杀菌作用，超过30℃药害增大。35℃或更高的温度的时候就不能再使用了。硫黄在潮湿空气中比在干燥的空气中作用要小。

可以选择的药剂包括70%甲基托布津可湿性粉剂800~1000倍液、30%百科乳油1500~2000倍液和15%粉锈宁可湿性粉剂1500~2000倍液，在病重品种、病重地区和病重年份可以在6月份增喷上述药剂1~2次。

如果温室生长的葡萄发生了白粉病，那么喷80%新万生可湿性粉剂600倍液即可。

栽培措施可以起到减轻病害和增强药剂的效果。在空气流通、阳光充足的地段种植葡萄，或者采取朝东的行向都可以很好地防治病害。采用适当的修剪方法也可以使葡萄架的上空气流通，避免过于遮蔽。

八、炭疽病

（一）症状

炭疽病的症状是受害部位的表面出现了小黑点，并且小黑点的上面出现粉红色的黏液。容易发病的部位是果粒、穗轴、枝蔓。主要发生在正在着色或者成熟的果实上面。

接近成熟的果实，或者是开始着色的果实在发病的时候，大多数是在果面上产生很小的褐色圆形斑点，然后会逐渐变大，成为黑褐色圆形凹陷病斑，在病斑的表面会形成轮纹状排列的小黑点，小黑点上面则有粉红色黏液。有时候病果的表面上不是褐色的小斑点，而是在果皮下面形成星芒放射状褐色菌索，接着形成黑褐色圆形凹陷病斑。发病严重的果实，病斑可以扩展到半个或者整个果面，果粒发软，病果酸并且苦，渐渐干缩称为僵果。炭疽病果不轻易脱落，在高湿的条件下，病果的表面会布满粉红色的黏液。穗轴在受害的时候，就会形成椭圆形的褐色至深褐色病斑，稍微有点凹陷，表面也会产生粉红色的黏液。

（二）流行病学

炭疽病属于高等真菌性病害之一，主要存在于一年生枝蔓表皮组织及病僵果上越冬。在第二年，条件比较适宜的时候，就会产生出大量的病菌孢子，然后通过风雨传播，直接进入伤口、皮孔侵害。在果穗上，就会直接侵入果皮或者从皮孔、伤口侵染果粒。病菌在落花后半个月左右到果实采收的时候都可能侵害果粒。因为病毒有潜伏的特点，所以幼果期受到侵害的果实在接近成熟的时候才能够显露出来。而接近成熟期被侵染的病菌，它的潜育期只有 4 ~6 天。果粒发病之后，病菌通过风雨的传播再侵染的速度非常快。所以，该病在一年之中可以多次侵染。一般情况下，病菌从落花后半月左右开始侵染，然后到快要成熟采收期最严重。

果实在生长的中后期多雨潮湿、雾大露重容易导致炭疽病发生。特别是那些果皮薄的品种受害严重，早熟的品种受害比较轻，晚熟的则重。此外，架式过低、蔓叶过密、排水不良、果园通风透光不良、地势低洼等都有利于发生炭疽病。

（三）防治

炭疽病防治主要是喷药和套袋预防为主，结合以铲除越冬病菌。

（1）搞好果园卫生，减少越冬病源　在修剪的时候，彻底将植株上面带着的带病穗梗、僵果、副梢等病残组织，以及落在地上的僵果、残蔓、枯叶、果穗等全部处理干净，并且带到果园外面全部烧毁。

（2）发芽前铲除病菌　在葡萄发芽或者上架之前，全园都要喷洒1次77%硫酸酮钙（多宁）可湿性粉剂200～300倍液、30%戊唑·多菌灵（龙灯福连）悬浮剂300～400倍液、60%波尔·多菌灵（统佳）可湿性粉剂200～300倍液，这样可以铲除带有病菌的枝蔓。

（3）加强栽培管理　葡萄在生长期的时候要及时摘心、处理副梢、绑蔓，保证葡萄园的通风良好，降低园内的湿度，防止病菌的侵害。注意增施肥料，例如有机肥、氮、磷、钾适当适量，增施钙肥，提高树体的抗病能力，对于低洼地果园，要注意及时地排水，避免园内积水。对于要推广的鲜食品种则要给果穗套袋，防止病菌的侵害。

（4）生长期药剂防治　葡萄的各个生长时期喷药的时间也不一样，一般在落花后半个月左右开始喷药，前期的时候10～15天喷药1次。果粒开始转色或者膨大期的后面则是10天左右喷药1次，直到葡萄的成熟。具体喷药的间隔期以及喷药的次数则是根据降雨的情况定的。如果多雨潮湿那么间隔期就相对比较短，干旱无雨的时候间隔期就比较长。对于炭疽病预防效果比较好的杀菌剂是80%波尔多液可湿性粉剂500～600倍液、80%代森锰锌（太盛、大生、必得利）可湿性粉剂600～800倍液、50%克菌丹（美派安）可湿性粉剂600～800倍液、77%硫酸铜钙（多宁）可湿性粉剂600～800倍液、70%丙森锌可湿性粉剂500～600倍液、1：（0.5～0.7）：（160～240）倍波尔多液、70%代森联水分散粒剂600～800倍液、

68.75%唾酮·锰锌水分散粒剂1000~1500倍液等。还有一些药剂对于炭疽病的治疗有一定的杀菌作用，450克/升咪鲜胺（扑霉灵）乳油1500~2000倍液、10%苯醚甲环唑水分散粒剂2000~3000倍液、25%溴菌腈可湿性粉剂500~700倍液、30%戊唑·多菌灵（龙灯福连）悬浮剂800~1000倍液、70%甲基硫菌灵（甲基托布津）可湿性粉剂或500克/升悬浮剂800~1000倍液、500克/升多菌灵（统旺）悬浮剂800~1000倍液、50%多菌灵可湿性粉剂600~800倍液、25%戊唑醇（欧利思）水乳剂1500~2000倍液、60%唑醚·代森联水分散粒剂1000~1500倍液等。

因为炭疽病主要危害的是果穗，所以一般用药都是在果穗上，因此也可以通过上述的方法对果穗进行涂抹药剂。如果果穗套了袋子，则不需要用药。

此外要注意的是，治疗性杀菌剂有一定的治疗作用，一般都是在发病前开始喷药效果好，如果发病后再喷药很难控制病情。

第二节 葡萄生理病害的防治

葡萄生理病害是指葡萄的生理原因形成的一些症状。通过这几年的调查表明，不同的生理病害在全国的各个葡萄产区都有发生，并且有逐年加重的趋势。因此，防止葡萄生理病害是当前葡萄生产的一项重要任务。

一、葡萄日灼病

（一）症状

日灼病发生时，果实的阳面会形成像是被水烫伤的淡褐色斑，然后形成褐色干疤，微凹陷。发生病变的地方，还容易受到其他病菌的侵染。这是典型的外因引起的生理病变。主要发生在果穗的肩部和果穗向阳面上。

（二）流行病学

葡萄果实日灼病发生的原因是因为果穗没有遮蔽，它在烈日的暴晒下，果粒的表面就会因为高温失水，然后被烈日所伤。不同品种在烈日下暴晒受伤的程度不同，例如红大粒、瓶儿、藤稔、白玫瑰、保尔加尔等它们的日灼病比较严重。篱架栽培时日灼病明显重于棚架。

（三）防治

对于容易发生日灼病的品种，在夏季修剪的时候，要在果穗的附近多留一些叶子，这样可以保护果穗不受光照；对于容易发生日灼的品种，应该尽量将果穗套袋，这样可以避免日灼，但是要保证袋子的透气性。如果袋子的透气性不好，那么就要剪去袋子的一角，促进通气。对于生产上需要去除老叶的品种，要尽量保留遮蔽果穗的叶片。需要注意的是，在气候干旱，日照强烈的地方，要将篱架栽培变为棚架栽培，预防日灼的发生。

二、葡萄缺氮症

植物蛋白质的形成离不开氮素营养，植物的正常生长发育也离开氮素营养。氮素营养充足的葡萄，枝蔓生长旺盛，叶子浓绿。并且对受精和坐果以及花芽的分化都是很有利的。但是如果氮素吸收过多，枝叶就会徒长，推迟浆果的成熟，使葡萄着色不良，甚至品质下降、芳香消失，还可能引来病虫以及危害花芽的分化。在天气比较寒冷的地方，因为枝蔓、芽眼成熟不够充实而发生冻害。所以，合理施肥有利于保证葡萄的生长健壮、丰产、优质。

（一）症状

葡萄缺氮的症状，首先是新梢上面的叶片变黄，新叶变小，老叶黄绿带橙色或变成红紫色，新梢的节间也会变短，花序纤细，花器的分化也不良。落花落果也比较严重。还有就是新梢下部的叶片容易变黄，甚至提前落叶。

（二）防治

①叶面喷肥常用的方法是向叶面上喷肥料，这样可以很快的弥补氮素的不足，经常使用的肥料包括硝酸铵、尿素、硫酸铵和充分腐熟的尿液。其中，尿素的效果是最好的。叶面喷施尿素常用的浓度为0.2%~0.3%。也可以用波尔多液和尿素混合喷施，这样能够减少尿素对叶片的伤害。

②春季的时候，如果葡萄的植株缺少了氮，那么对于花芽继续分化和开花坐果都会产生不好影响，因此在植物生长的初期，要注意对氮肥的施加。但是在果实快要成熟的时候，则要有效地控制氮肥的施加。采收之后，则要及时增加氮肥，这样可以加强后期叶片的光合作用，对于树体养分积累和花芽分化也有良好的作用，所以

在生产上要重视。

③叶面喷肥可以快速纠正氮素的营养不足，但是不能代替基肥和追肥。缺氮严重的葡萄园更要重视对基肥的作用。

三、葡萄缺磷症

磷是细胞中核蛋白、核苷酸还有磷脂类物质的重要组成部分，它们跟细胞的分裂有着密切的关系，同时也是酶与辅酶的重要成分，并且与呼吸、光合以及糖类和氮化合物的代谢、糖分的运转都有重要的关系。磷是容易在植物体内被移走的元素，因此大量存在于代谢旺盛的幼嫩组织中。缺磷的时候，对幼嫩组织的影响最大。磷对糖的合成和运转也有促进作用。通过试验证明，施磷能使浆果内糖、色素和芳香物质增加，含酸量减少。所以在鲜食葡萄和酿造葡萄栽培中一定要注意施加磷肥。

（一）症状

葡萄缺磷的时候，叶子变小，颜色暗绿带紫，叶边焦枯发红，果穗、花序、果实的含糖量降低，果实的成熟期推迟。

（二）防治

①在叶面上喷洒磷素肥料，一般是在幼果膨大期每 7 ~ 10 天喷施 1 次，共喷 3 ~ 4 次。最好为磷酸铵和磷酸二氢钾，磷酸钙、磷酸钾也可以。喷布浓度以 0.3% ~ 0.5% 为宜。

②在开花期前，每亩施磷肥 20 ~ 40 千克，从而促进花序的发育，促进坐果以及增加浆果的含糖量。果实膨大后进行 2 ~ 3 次根外追肥。

③果实成熟之后，要施基肥的时候选择磷肥。一般情况下，每

株成龄树施过磷酸钙 0.5 ~1 千克，伴随其他肥料一起施入树盘内或施肥沟内。

四、葡萄缺钾症

钾对葡萄的生长和结果有着重要的作用。它促进芳香物质和色素的形成，降低含酸量，促进浆果成熟，提高果实内含糖量。当葡萄内的钾充足的时候，浆果的耐贮运性就会增强。根据分析显示，葡萄果实中含氮 0.1596%、磷 0.10%、钾 0.19%，以钾的含量最高，所以葡萄又是典型的钾质果树，即使它生长在含钾量很丰富的土壤中的时候，葡萄也常常会出现缺钾的现象。

钾的用途很大，它与糖类的形成、积累、运转有关系，对细胞壁加厚和提高细胞液浓度有很好促进作用。同时它对花芽的分化、根系的发育，特别是对根系的形成有显著促进作用。它还与水分的代谢有关系，能够维持细胞的膨压。因此，钾能够促进枝蔓的成熟，加强水分的贮藏和积累，提高树体的抗病和抗寒能力。

（一）症状

缺钾的时候，葡萄的外在表现是果实比较小，着色不良，成熟前果实容易掉落，从而降低果实的产量和品质。在生长季节到果实成熟期间，枝条的中部都会变扭曲，接着叶缘和叶脉间也会失去颜色变干燥，并且逐渐向中间变枯萎，叶子也比较容易脱落。内在表现是，引起糖类和氮代谢的紊乱，从而影响蛋白质的合成，植株的抗病能力也变低。葡萄不能有效地利用硝酸盐，从而影响光合作用，减少同化产物。

（二）防治

①主要的做法是增施有机肥，改变土壤的结构，同时提高土壤肥力和含钾量。

②7～8月开始对根部进行3～4次的喷施钾肥，每隔10天左右喷1次0.3%磷酸二氢钾或0.2%～0.3%的氯化钾，直至8月中旬。

③对根部施加3%草木灰浸出液或者草木灰，对减轻缺钾症都有良好的效果。

五、葡萄缺硼症

硼是微量元素，能够促进花粉管的萌发和伸长，促进授粉受精，促进芳香物质的形成，提高含糖量，改善浆果品质，减少无籽小果，提高坐果率，提高产量。与此同时，硼还可以促进新梢和花序的生长，保证新梢的发育。

（一）症状

葡萄缺硼时的主要表现是植株长相矮小，副梢生长较弱，枝蔓间的节间变短；叶片明显变小、变厚，容易向外弯曲，叶缘部位出现绿黄斑，严重的时候叶缘焦灼。特别明显的就是在开花的时候，花冠不脱落甚至落花严重，花序干缩，结的果实不好，果穗上面的小粒果实增多，并且形成了明显的珍珠粒穗形。还有，缺少硼的植株根系分布比较浅，甚至可能造成根死亡。

缺硼的症状经常发生在花期前后土壤过于干旱。葡萄缺硼，不仅仅与土壤结构、有机肥料有关系，与土壤通气、土壤黏性也有关系，因此要注意。

（二）防治

①叶面喷硼。在葡萄花期前后，或者是盛开的时候连续喷 2 次 0.1% ~0.3% 的硼砂（或硼酸）溶液，能够很好减缓缺硼的症状，提高坐果率和果实的品质。

②土壤施硼。如果病株的数目达到 10% 以上的葡萄园，在秋天施有机肥的时候，在每棵病株上面多施 50 克硼肥，补充硼肥不足。

六、葡萄缺锌症

锌在植物的生长中起着至关重要的作用。首先，锌与植物的生长素合成有关系，当缺锌的时候，植物的生长素就不能正常形成，植物生长就会异常。其次，锌和叶绿素的形成也有关系，当锌缺少的时候，叶绿素缺失从而形成失绿病。

在植物的体内，锌主要是以与蛋白质结合的形式存在，主要分布在幼叶和茎尖中。根据叶片含锌量的多少可以测定出植物是否缺锌，一般葡萄叶柄的含锌量低于 15 毫克/千克时即为不足，25 ~ 50 毫克/千克时最适量。

（一）症状

葡萄在缺锌的时候，枝、叶、果停止生长或者萎缩。位于枝条下部的树叶容易产生斑纹和黄化。新长出的叶片狭小或者纤细，节与节之间的间隙变短，失去绿色，并且容易产生没有籽的小果实。实际操作证明，欧亚种葡萄对缺锌较为敏感，特别是如红地球、森田尼无核等一些大粒型品种和无核品种等对锌的缺乏更为敏感。

（二）防治

①增施有机肥，改良土壤的结构。在沙质土壤中含锌盐较少，并且锌盐容易流失；而在碱性土壤中的锌盐容易转化成不可利用的状态，葡萄不能吸收。所以应该增施有机肥料、加强土壤管理、调节各元素平衡协调，达到改良土壤，使植物更好地吸收。

②在葡萄开花期或者在开花期以后的半个月，往叶面上喷洒0.1%～0.3%硫酸锌，这样不仅能够促进浆果正常的生长，而且能够提高葡萄的产量，同时促进果实的成熟。

七、葡萄缺铁症

铁是植物叶绿素的重要组成物质，同时在葡萄进行代谢活动中起着重要作用。另外，葡萄对铁元素的反应也十分敏感，盐碱地葡萄园常常发生的黄化病就跟铁的关系密切。

（一）症状

植株缺铁的重要表现为老叶为绿色，新叶变成黄色。葡萄缺铁的具体表现是，病株叶片除了叶脉保持绿色外，叶面全部都是黄色。缺铁严重的时候，叶面会出现象牙的颜色，甚至变成褐色使叶片坏死，花的颜色也会变成浅黄色，造成的结果就是花蕾会脱落，坐果率严重下降。另外葡萄缺铁与土壤的pH值和通气状况有很密切的关系。当pH值过高时，土壤中的铁元素常常转化成根系不能吸收的不溶性物质，虽然土壤里面不缺铁，但是土壤中的铁不能被植物吸收。同样会发生这样状况的是，土壤过分黏重、灌溉水偏碱性。所以，防止缺铁症的时候，第一要补充铁，第二是改善土壤质地，促进土壤中的铁转变成可以利用的资源。各种葡萄对铁的敏感性不同，其中，欧美杂交的巨峰、京亚、藤稔等对铁的缺乏最为敏感，也最容易发生缺铁性黄化。

（二）防治

①要重视葡萄园的土壤改良，适量增施有机肥，深耕土壤，防止土壤的盐碱化和过分黏重。

②向叶面喷洒0.2%硫酸亚铁溶液，生长前期7~10天喷1次，连续喷3~4次。另外为了增强葡萄叶对铁的吸收以及转绿，在喷洒硫酸亚铁时可以增加少量的食醋和0.3%尿素液。

八、葡萄水罐子病

葡萄水罐子病也叫作转色病，在东北部分又叫作水红粒，是葡萄籽中常见的病症，特别是玫瑰香等品种水罐子病更是严重。

（一）症状

水罐子病主要表现在果粒上，一般只有在果粒上了颜色之后才能表现出症状。有了病症的有色品种就能表现出明显的不同寻常的颜色，一般色泽比较淡。白色品种表现出来的则是果粒呈现出水泡状，生病的果粒糖度降低，味道发酸，果肉变软，果皮和果肉容易产生分离，成为一包酸水。如果用手捏的话，水滴就会成串地滴下来，这也是水罐子病名字的来历。主要特点就是果柄与果粒容易产生分离，主要原因是营养不足和生理失调。

（二）流行病学

发病的植株有共同的特点，比如树势比较弱、负载量过多、有效叶面积小、肥料不足、摘心重等。如果地下水位过高或者成熟期遇到大雨，特别是在高温之后遇到雨后，田间的湿度变大，发病率高。

（三）防治

①加强营养的补给，例如有效增施有机肥料和在根外面喷洒磷、钾肥，适当增加氮肥。另外注意除草和松土。

②控制负载量，科学合理选择单株果实的负载量，增加叶果比。

③主副梢处理，一次果需要的营养成分主要来自主梢叶片，如果在留二次果的情况下，一次果常常与二次果争夺养分，这样养分容易不够产生水罐子病。因此，要在发病植株上多留叶片。一般情况下主梢上面要多留叶片，最好副梢上也多留叶片，这样可以有效地保证果实的营养供给。当一个果枝上面有两个果穗的时候，它下部的果穗容易发生水罐子病，因此要注意适当地疏穗。一枝一穗是减少病害的最好办法。

第三节 葡萄常见虫害的防治

一、蓟马

根据资料显示，危害葡萄的蓟马主要是烟蓟马和巴豆蓟马。蓟马是缨翅目蓟马科昆虫。

图 7-1　蓟马

（一）症状

蓟马主要危害的是葡萄的花蕾、幼果和嫩叶。一般 1、2 龄若虫和成虫能够用锉吸式口器获取食物，主要是锉吸幼果和嫩叶表皮细胞上的汁液。幼果受到损害的时候，果皮上面就会出现黑点和黑斑块。随着时间的推移，被害的部位会随着果粒的增大而扩大，逐渐形成黄褐色木栓化斑。甚至，会造成果实崩裂，成熟时发霉。嫩叶部位如果受到损伤，就会形成水渍状黄点或者黄斑，逐渐变成不规则的穿孔甚至破碎。

（二）形态特征

表 7-2　蓟马的形态特征

名称	特征
体长	虫体微小，若虫 0.6～1.0 毫米，黄色或褐色；成虫体长 1.2～1.8 毫米，深褐色或黑褐色

续表

名称	特征
翅膀	1、2 龄若虫无翅，3、4 龄若虫具翅芽。在后胸背板上方着生两对淡褐色翅脉，每条翅脉上着生两排脉鬃，前排脉鬃短，后排较长
头	头方形，口器为锉吸式
触角	触角 7 节，鞭节连珠状
复眼	两个复眼间有 3 个红色单眼，呈正三角形排列

（三）生活史及习性

一般情况下，5 月下旬在葡萄初花期开始的时候，蓟马开始危害葡萄的子房和小幼果，在 5 月末至 6 月初（开花初、盛期），蓟马的危害达到高峰。6 月下旬至 7 月上旬，在葡萄的副梢花序上可以发现蓟马若虫和成虫危害花蕾、幼果，这是蓟马危害葡萄的第二次高峰。7 ~ 8 月在同一时期会出现蓟马的不同的虫态，甚至可以看见世代重叠。9 月份蓟马的数量开始减少，10 月份至初霜来临前，只能在没有摘心的新梢上发现蓟马成虫。大部分的蓟马已经转移到葡萄园外的大葱、萝卜、白菜等的心叶上危害了。蓟马的两次危害，关系到葡萄质量和产量的好坏，因此要重视。

（四）防治

蓟马主要是以葡萄的果实为主要危害对象，所以在喷药的时候，应该在开花前 1 ~ 2 天或初花期进行。例如巨峰品种第一次喷药在 5 月末至 6 月初，如留二茬果时在 6 月下旬至 7 月初喷第二次药。使用的药品一般是 40% 乐果乳油 1000 倍液或 20% 速灭杀丁乳油 2000 倍液等。

二、星天牛

星天牛又叫银星天牛、钻木虫、铁炮虫、倒根虫、白星天牛、橘星天牛，是鞘翅目，天牛科。分布范围很广，除了危害葡萄外，还危害樱桃、杨、柳、刺槐、苹果、梨、李、杏、桃等。

（一）症状

星天牛的成虫主要以葡萄的枝蔓、幼叶和叶片为主。一般成虫在枝蔓处产卵，产卵的时候会吐出唾状胶液。刚孵出来的幼虫侵害枝蔓的皮，然后就会在内部形成盘旋隧道，侵害韧皮部。大部分的幼虫还损害葡萄的木质部和根部，在它们的隧道里全部都是木屑，还有气孔。这不仅能够影响葡萄养分以及水分的输送，甚至会造成损害处折断、枯死，严重的时候可能影响树木的生长发育。成虫则是以嫩枝的皮层为食，然后使葡萄形成枯梢，有时也吃叶子。严重的时候，甚至可以使枝蔓的周围成片破坏，露出木质部，大量的叶子被咬出不规则的孔洞。

（二）形态特征

表 7–3　星天牛的形态特征

名称	特征
成虫	体长 22 ~ 32 毫米，雌虫体大，雄虫体小。全体漆黑色，并有光泽。头部中央有一纵凹陷。触角第 1、2 节黑色，其余各节前半部黑色，后半部蓝白色，雄成虫触角约比身体长 1 倍。前胸两侧各有 1 刺状突起，小盾板白色。鞘翅上散生许多大小不一的白斑点
卵	卵长约 6 毫米，略弯曲，黄白色，孵化前为黄褐色

续表

幼虫	体长约45毫米，淡黄色，略呈圆筒状。头前端褐色，前胸盾板前方左右各有一曲形黄褐色斑纹，后半部有一隆起的凸形黄褐色斑纹
蛹	乳白色，触角细长、弯曲，逐渐变黑褐色

（三）发生特点

星天牛在春天的时候，开始化蛹。5月间成虫就会产生，6月、7月为羽化盛期。成虫一般在白天的时候活动，阴天或者是气温达到33℃以上时多藏在树冠丛里面或者是阴暗处。成虫主要危害的是葡萄的叶柄、叶片、小枝皮层。在获得营养的时候，2～3天交尾。成虫一般一生会进行多次交尾和产卵。一般在产卵的时候成虫都会用上颚咬一个椭圆形刻槽，再把产卵管插入韧皮部与木质部。每次产一粒，每次大约产60余粒。每产一粒都会用胶黏物封塞产卵孔，因此干皮上有1平方厘米的韧皮层坏死。孵出来的幼虫在皮下盘旋吃食，并且会形成一个气孔，成为排粪或通气的用途，隧道里面充满木屑。11份左右开始越冬，一般幼虫多在枝蔓或者树根中过冬。

（四）防治

（1）人工捕杀　在成虫繁殖的时候，在天气晴朗的中午捕杀成虫。成虫产卵的时候，主要检查的地方是主蔓及枝蔓，特别是在离地面30～60厘米的地方，如果发现有唾状胶液，就找到卵，然后用小刀将它挑出来。还有就是幼虫喜欢在皮下蛀食两个多月，在7～10月间，如果发现主蔓和枝蔓的周围有木屑与虫粪，就用小刀挑开皮层，杀死幼虫。

（2）涂蔓防治　如果葡萄园中害虫的发生比较严重，那么可以采取涂树干的办法。白色涂料的配制是生石灰1份、硫黄粉1份、水40份的比例混合制成。然后涂在葡萄的枝干上，这样可以有效地防止成虫产卵。涂抹一次的有效期是两个月。

（3）受害树治疗　如果是在根系生长旺盛的时期，挖开星天牛危害树的根颈部土块，然后用锋利的小刀刮开伤口，在伤口处涂上生根粉，用塑料膜覆上，再施肥。伤口可以很快愈合，并且重新长出新根。

三、二星叶蝉

二星叶蝉，又叫葡萄叶浮尘子、葡萄小叶蝉或葡萄二点小浮尘子。属于同翅目叶蝉科。随着时间的推移，我国北方葡萄产区受到灾害较重。

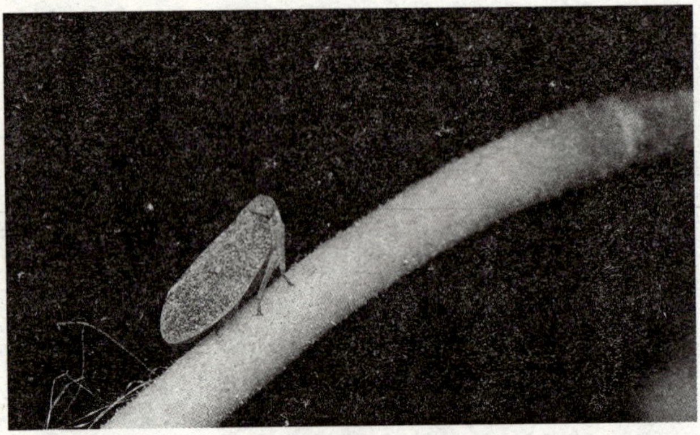

图 7-2　二星叶蝉

（一）症状

成虫和若虫都是在叶背面吸食葡萄汁液为主。一开始的时候，叶面会出现白色的小点，严重的时候，小白点会成为白斑，全部叶子都会失去绿色，甚至成为枯枝，引起叶子的过早脱落。它们会影响枝条的成熟和花芽的分化，虫粪还会污染果实。葡萄品种之间有差异，所以野生品种和叶片较多的葡萄受害比较轻。二星叶蝉一般发生在通风不良、杂草丛生的葡萄园中。

（二）形态特征

表 7-4 二星叶蝉的形态特征

名称	特征
成虫	体长 2～2.6 毫米，包括翅长 2.9～3.5 毫米，全体淡黄白色，头向前突出呈钝三角形，复眼淡褐色。头冠中前部有两个明显的圆形黑斑，小盾板与前胸相接处有两个大的三角形黑斑。前翅略呈长方形，淡黄白色半透明，一般散生淡褐色或红褐色斑纹，后翅透明
卵	长约 0.6 毫米，长椭圆形，稍弯曲，乳白色
幼虫	长约 2 毫米，初孵时白色。头部大，钝三角形，前端生两对刺毛，复眼红色
老熟幼虫	老熟时黄白色，两侧可见明显的黑翅芽

（三）生活史及习性

春天气候变暖，各种果树开始萌芽长叶之后，越冬成虫开始出来。它们是在苹果、山楂、梨、樱桃等树上危害，等到葡萄长出大量的叶子之后，开始迁到葡萄叶上危害。在 5 月中下旬成虫在葡萄叶的叶脉或者绒毛上面产卵，5 月下旬卵孵化成第一代若虫。6 月中旬第一代成虫就会出现，8 月中旬为第二代成虫盛发期，第三代成虫多在 9～10 月危害。二星叶蝉几乎一整年都在葡萄上面危害。8～9 月虫口密度最大，随着气温的变化，末代成虫就会进入越冬的状态。成虫越冬的时候多在葡萄园附近的石缝、杂草和落叶下。二星叶蝉在全国的范围都有发生，但是因为所在地区不同所以也有差异。比如在山西太谷、河北昌黎地区一般一年发生 2 代。陕西、山东等地一年发生 3 代。

（四）防治

①在秋冬季节，打扫葡萄园的落叶、杂草的时候，要集中烧毁，这样可以有效地减少越冬虫源。在生长季节时候要注意及时抹芽摘副梢、铲除杂草、整枝打杈，以及改变通风条件。

②在第一次若虫的发生期，即6月上中旬开始喷药防治。如果发生量比较多，就用40%乐果乳油1500倍液；80%敌敌畏乳油2000倍液；20%速灭威乳油500倍液；10%氯氰菊酯乳油或2.5%溴氰菊酯乳油或20%杀灭菊酯，均用5000倍液。

四、雀纹天蛾

雀纹天蛾又名葡萄斜条天蛾、葡萄叶褐天蛾、爬山虎天蛾、葡萄绿褐天蛾。属于鳞翅目，天蛾科。分布在我国的大部分地区。

图7-3　雀纹天蛾

（一）症状

雀纹天蛾主要是幼虫吃食葡萄的叶子。一般雀纹天蛾的幼虫都先从叶子的边缘然后向中间啃食，最后把整个叶片吃完之后再向另外一片叶子进食。

（二）形态特征

表 7-5　雀纹天蛾的形态特征

名称	特征
成虫	体长 27～38 毫米，翅展 68～72 毫米。体绿褐色。头部、胸部两侧及背中央有灰白色绒毛，背线两侧有橙黄色纵条；腹部背线棕褐色，两侧有数条不甚明显的暗褐色条纹，各节间有褐色横纹，两侧橙黄色，腹面粉褐色。前翅黄褐色，后缘中部白色，顶角的后缘方向有 6 条暗色条纹，第 3 条与第 4 条之间色较淡，中室端有一小黑点。后翅黑褐色，后角附近有橙灰色三角斑，外缘灰褐色
卵	近球形，淡黄绿色，直径 1.1 毫米
幼虫	身体分绿色型和褐色型两种颜色类型
老熟幼虫	体长 75～80 毫米。褐色型幼虫头褐色，背线浓褐色，亚背线灰褐色，腹部斜纹前缘深褐色。腹部第 1、2 节亚背线上各有 1 对大的眼斑。绿色型头褐色，胸部黄绿色，背线明显。腹部背面青绿色，体侧黄绿色，斜纹不明显、淡黄色。尾角表面有明显的白色颗粒状突起。腹部第 1、2 节亚背线上各有 1 对黄色眼斑
蛹	灰褐色，长 36～38 毫米

（三）发生特点

雀纹天蛾一年能够产生 1～4 代，在我国辽宁省每年能够产生 1 代。一般是以蛹的形式躲在表土层里面进行越冬，然后在 6～7 月羽化，白天躲藏在树叶下面，晚上的时候出来。一般产卵单粒在树叶背面，每次能够产卵 400 多粒。幼虫发生期在 8～9 月间，10 月份的时候老熟幼虫就会入土化蛹准备过冬。

（四）防治

①人工捕杀或灯诱。因为雀纹天蛾幼虫食量大、排泄物多，所

以可以人工捕捉。成虫可以根据其趋光性进行设灯诱杀。

②药剂防治。幼虫发生比较严重的时候可以喷洒 1.2% 烟碱乳油 1000 倍液，或者 50% 敌敌畏，或 90% 敌百虫 800 ~ 1000 倍液。

五、葡萄虎蛾

葡萄虎蛾属于鳞翅目，虎蛾科。主要分布在我国的东北、华北和华中地区。它除了危害栽培的葡萄外，还危害野生的葡萄。

(一) 症状

幼虫常常咬食嫩芽和叶片，经常是集体暴食。灾害严重的时候，叶片全部被咬光，甚至可以将幼穗的小穗轴和果梗咬断，严重影响葡萄的生长发育，影响产量收入。

(二) 形态特征

①成虫的体长在 18 ~ 20 毫米，翅膀展开的时候为 44 ~ 47 毫米，头、胸、前翅都是紫褐色，身体和翅膀上面都生长着茂密的黑色鳞毛，身体的腹面和后翅的正反面都是橙黄色。前翅的后缘部和外部都是暗紫色，翅膀的中间还有肾形纹和环形纹，横线都是灰色；后翅的外缘部分是深褐色，臀部有橘黄色的斑，中室有 1 个小黑点。

②成熟的幼虫体长为 40 毫米，头部则有黑色斑点，头部、前胸背板和臀板都是暗橙黄色，腹部第 8 节背面有突起。胴部各节稀疏长着白毛，并且有褐色的斑点。

③蛹的体长为 20 毫米，成暗褐色，尾部有臀棘突起。

(三) 生活史及习性

葡萄虎蛾每年发生两代，它依靠蛹在葡萄的根部或者是葡萄架附近的土里面过冬。在第二年的 5 月下旬开始羽化成虫。6 月份则是羽化的盛期。一般地里面的蛹羽化比较早。成虫白天的时候隐藏在叶的背面或者是杂草丛中，在夜间的时候出来进行交配、产卵，成虫有趋光性。

卵一般分散在叶片上，第一代幼虫6~7月份开始危害。刚孵出的幼虫主要是依靠幼芽和嫩叶为食，稍微长大之后则是白天静静地趴在树叶的背面或者是叶边，然后在晚上的时候大量吃食叶片。它有一定的抵抗力，在受到惊吓的时候，幼虫就会头部摇摆，并且吐出黄绿色的黏液。幼虫成熟之后，就会从架上下来入土化蛹。等到7月下旬的时候，新一代的成虫就会出现，然后在8月中旬达到盛期，第二代幼虫就会在8~9月间危害，9月下旬幼虫成熟钻入土中化蛹越冬。

（四）防治方法

①早春的时候，葡萄要出土上架、整地。趁此机会，在葡萄根部附近和架下挖除越冬蛹。

②葡萄在整枝打杈的时候，利用葡萄虎蛾幼虫白天隐藏在叶背的习惯，进行消灭。

③如果幼虫发生比较严重，可以用药剂防治，一般在幼虫初发期喷布50%敌百虫800~1000倍液。

六、美国白蛾

美国白蛾，别称秋幕毛虫。它是鳞翅目，灯蛾科。不仅是我国而且是世界上检疫的对象。它的危害极大，目前在我国辽宁省大约有100种的植物正在被美国白蛾危害。其中包括苹果、梨、葡萄等各种果树，白菜、豆角、丝瓜等一些蔬菜，以及杨树、柳树、榆树等，辽宁省已经有10个城市成为美国白蛾害虫的重灾区，其中抚顺和铁岭两个城市受害最为严重。

（一）症状

美国白蛾主要是在幼虫的时候危害植物的叶片。一般它们在葡萄等被害树上吐丝结网，分布在树杈上，被网在网里的树叶就会被幼虫部分吃掉或者全部吃光。

（二）形态特征

表 7-6　美国白蛾的形态特征

名称	特征
雌蛾	成虫体白色。雌蛾体长 9.5～15.0 毫米，翅展 30～42 毫米。触角锯齿状，褐色，复眼黑褐色、无光泽、半球形、大而突出。前后翅白色无斑点。前足基节、腿节橘黄色，胫节及跗节有黑色环纹。前足胫节胫端有 1 对短齿，一个长而弯，另一个短而直，后足胫节缺中距，仅有 1 对端距
雄蛾	雄蛾体长 9～13.5 毫米，翅展 25.0～36.5 毫米。触角腹面黑褐色，双栉齿状，复眼稍大于雌蛾。前翅纯白色或有浅褐色斑点，后翅斑点少
卵	卵近球形，直径 0.5 毫米左右，初产的卵淡绿色或黄绿色，有光泽，后变成灰绿色，近孵化时呈褐色。卵产在叶背面，呈单层排列，卵块表面常覆盖有雌蛾的体毛和鳞片，呈白色
幼虫	幼虫初孵幼虫一般为黄色或淡褐色
成熟幼虫	老熟幼虫头部黑色，有光泽，体长 22～37 毫米，细长，圆筒形，背部有 1 条黑色宽纵带，各体节毛瘤发达，毛瘤上着生白色或灰白色杂黑色及褐色长刚毛的毛丛，背部毛瘤黑色，体侧毛瘤多为黄色；气门白色，长椭圆形，边缘黑褐色；腹面黄褐色或浅灰色，腹足趾钩单序，异形中带，中间趾钩 10～14 根，等长，两侧各具 10～12 根

续表

名称	特征
蛹	蛹体长9~12毫米，宽3.3~4.5毫米。初淡黄色，后变橙色、褐色、暗红褐色。臀棘8~17根，每根棘的端部膨大，末端凹入，长度几乎相等。蛹外包裹着稀松的混以幼虫体毛的薄茧，呈茧白色，椭圆形

（三）发生特点

美国白蛾一般是以蛹结茧的形式存在于葡萄老树的皮下、地面的枯枝下或者是表土里面过冬。春天的时候再出来毁坏树木。例如唐山地区的美国白蛾每年5月上旬开始羽化，第一代幼虫危害期为5月中旬至7月，第二代幼虫危害在8月上旬至9月下旬。成虫是在晚上的时候出来活动，在叶子的背面产卵。卵按照块排列，一般每块卵粒的数目能够达到300~500粒。每块卵块的孵化期为7天。幼虫出生之后不久，就可以吐丝结网，然后一起聚在一起将网里面的叶子吃成筛子形状。如果幼虫比较多的时候，葡萄树上的叶子可以全部被吃光，从而只剩下网幕挂在树上。并且幼虫的耐饥能力会随着幼虫年龄的增长而延长。

（四）防治方法

表7-7 美国白蛾防治方法

方法	具体步骤
人工物理防治	①剪除网幕。在美国白蛾幼虫3龄前，每隔2~3天仔细查找一遍美国白蛾幼虫网幕；发现有网幕的时候要用高枝剪将网幕和小枝一起剪掉。剪网时要特别注意不要造成破网，以免幼虫漏出；剪下的网幕必须立即集中烧毁或深埋，散落在地上的幼虫应立即杀死 ②灯光诱杀。利用诱虫灯在成虫羽化时杀成虫 诱虫灯应设在上一年美国白蛾发生比较严重、四周空旷的地块，可获得较理想的防治效果；在距设灯中心点50~100米的范围内进行喷药毒杀成虫

续表

方法	具体步骤
生物防治	①利用苏云金杆菌对4龄前幼虫喷施Bt乳剂 ②美国白蛾周氏啮小蜂。在美国白蛾老熟幼虫期，按1头白蛾幼虫释放3～5头周氏啮小蜂的比例，选择无风或微风上午10时至下午5时以前进行放蜂。放蜂的方法：可采用二次放蜂，间隔5天左右。也可以一次放蜂，用发育期不同的蜂茧混合搭配。将茧悬挂在离地面2米处的枝干上
仿生制剂防治	对4龄前幼虫使用25%灭幼脲Ⅲ号胶悬剂5000倍液；24%米满胶悬剂8000倍液；卡死克乳油8000～10000倍液；20%杀铃脲悬浮剂8000倍液进行喷洒防治
植物杀虫剂防治	适用低龄幼虫，使用1.2%烟参碱乳油1000～2000倍液进行喷雾防治
性信息素引诱	利用美国白蛾性信息素，在轻度发生区成虫期诱杀雄性成虫。春季世代诱捕器设置高度以树冠下层枝条处（2.0～2.5米）为宜，在夏季世代以树冠中上层处（5～6米）设置最好 每100米设一个诱捕器，诱集半径为50米；在使用期间诱捕器内放置的敌敌畏棉球每3～5天换1次，以保证熏杀效果。诱芯可以使用两代，第一代用后，将诱芯用胶片封好，低温保存，第二代可以继续使用 对以上喷洒使用的药剂，要求必须均匀周到，不能漏喷，不能留死角